让头脑更聪明

——科学思维方法漫谈

（上篇）基础思维方法

朱立峰◎编著

SPM 南方出版传媒
广东科技出版社｜全国优秀出版社
·广 州·

图书在版编目（CIP）数据

让头脑更聪明：科学思维方法漫谈．上篇 / 朱立峰编著．
—广州：广东科技出版社，2016. 2（2022.11 重印）
ISBN 978-7-5359-6460-1

Ⅰ．①让…　Ⅱ．①朱…　Ⅲ．①思维方法　Ⅳ．① B804

中国版本图书馆 CIP 数据核字（2015）第 287904 号

让头脑更聪明——科学思维方法漫谈（上篇）
Rang Tounao Gengcongming——Kexue Siwei Fangfa Mantan（Shangpian）

责任编辑：刘锦业　赵雅雅　曾燕璇
封面设计：柳国雄
责任校对：陈　静
责任印制：彭海波
出版发行：广东科技出版社
（广州市环市东路水荫路 11 号　邮政编码：510075）
销售热线：020-37607413
http: //www.gdstp.com.cn
E-mail: gdkjbw@nfcb.com.cn
经　　销：广东新华发行集团股份有限公司
印　　刷：广州市东盛彩印有限公司
（广州市增城区新塘镇太平洋工业区十路 2 号　邮政编码：510700）
规　　格：787mm×1 092mm　1/16　印张 11.25　字数 180 千
版　　次：2016 年 2 月第 1 版
2022 年 11 月第 4 次印刷
定　　价：49.80 元

前言

地球上有生命的历史已超过35亿年，人类的出现仅300余万年，然而人类却成为地球生物的主宰。人为什么会有如此巨大的力量？那是因为“人是会思维的动物”。爱因斯坦曾说：“人们解决世界的问题，靠的是大脑思维和智慧。”正是靠这大脑的思维和智慧，才使人类成为大自然的万物之灵，才创造了如此辉煌的人类文明。

今天，人类社会已经进入到一个以知识创新为重要特征的新经济时代，即所谓的知识经济时代。在这个时代，知识已经上升成为重要的生产要素，成为经济发展的基础和经济增长的驱动力。知识作为生产要素，首先需要“掌握知识的人才”。知识经济时代将由工业经济时代对物质资源的竞争（如矿产资源竞争和资本竞争）转向对人才资源的竞争，人才的竞争必然导致人力资源的大开发，而人力资源的大开发实际上就是人脑资源的开发。

在人的社会实践中，“思维”是一切智慧活动的核心，开发人脑资源，实质上就是开发人的思维潜能。因此有人说：思维是人类最为本质的资源，它就像地球蕴藏的矿产资源一样，只要我们合理地开发和利用，它就能为我们创造出无比丰富的财富。

在人的一生中，从出生之日起就面临着各种矛盾和问题，要想求得生存和发展，就必须解决这些矛盾和问题；要想解决这些矛盾和问题，就需要我们开动脑筋进行思考，需要借助科学而有效的思维方法。心理学家马克斯韦尔·马尔茨常曾说："所有的人都是为成功而降临到这个世界，但有的人成功了，有的人没有，那是因为每个人使用头脑的方法不同。"就因为使用头脑的方法不同，决定了每个人所走的人生道路不同。

《思维风暴》一书中记载了这样一个故事，它可能对我们有所启示，现简缩摘录于下：

两个乡下人怀揣致富的梦想外出打工，一个打算去上海，一个打算去北京，可是在候车厅等车的时候，又都改变了主意。因为他们听候车的人议论：上海人精明，外地人问路、带路都得收费；北京人质朴，没饭吃时还会有人送馒头、送旧衣服。打算去上海的人想，还是北京好，赚不到钱也饿不死，幸亏车还没到，不然真是掉进火坑了！打算去北京的人想，还是上海好，给人带路都可以挣钱，还有什么不能赚钱的呢？我幸好还没上车，不然就错失了挣钱的大好机会。于是他们在退票处相遇了：原来要去北京的得到了去上海的车票，去上海的得到了去北京的车票，他们分别去了各自想去的城市。两年后，去上海的打工者靠勤劳和智慧创办了一家小型清洗公司，已拥有150多名员工，业务也从南方拓展到北方。有一次他坐火车去北方出差，经停北京站，突然一个捡破烂的人在窗口向他讨要一个啤酒瓶，就在递瓶子的瞬间两人都愣住了：捡破烂的人正是两年前交换车票的那位打工者！

去上海的打工者想到的是什么都要钱，处处都能挣钱；去北京的打工者想到的是别人的恩惠和施舍，好混口饭吃。思路不同，做出的选择就不同，因而所得的结果也不相同，这就是人们常说的"思路决定出路"。同样，也就因为这思路的不同，看问题的角度与方式不同，采用的思维方法当然也不会相同。

有人说，思维是一种"心灵视觉"。心灵视觉是一种设定梦想的能力，它会为我们的未来构建图景——我们想要的事业和前途、我们希望建立的人际关系、我们期望获得的收入和财富。如何利用我们的心灵视觉设定梦想将决定着自己的成功（成就、影响、名誉）、财富（收入、资产、物质生活）以及幸福（尊重、欢乐、满足）。

那么，怎样才能获得成功、财富和幸福呢？这就需要大脑的智慧，需要我们学会思维，学会正确地思考和看待问题。而在思考问题的过程中，又必须掌握科学思维的方法。科学思维的方法从何而来？这就需要我们学习前人的经验和处事的方式方法。

本书从人类思维的宝库中挑选出20种最重要的思维方法，分成上、中、下三个篇章进行探讨。其中上篇包括了比较思维、分类思维、归纳思维、演绎思维、分析思维和综合思维等6种抽象的"基础思维方法"；中篇包括了转换思维、再现思维、发散思维、收敛思维、形象思维、联想思维、系统思维和辩证思维等8种普遍适用的“一般思维方法”；下篇包括了观察思维、实验思维、假说思维、模型思维、直觉思维和创新思维等 6 种“特殊思维方法”。这些方法既是最重要的思维方法，也是最基本的思维方式，几乎所有的人在日常生活、工作和学习中都可能用到它。

为了便于读者学习和理解各种思维方法，在每章的第一篇，均简要地介绍了本思维方法的基本内涵，篇幅虽然不大，但涵盖面却十分广阔——“居高临下，统揽全局”，它让读者首先对本思维法有一个概括性的认识和了解。而每章的后续各篇，则多以故事的形式，介绍了各种具体方法的应用，有许多都是科学家在创造发明过程中所运用的经典思维方法。因此，本书既是一本科普的读物，同时也是一部思维方法的教材，相信读者通过阅读，定会产生耳目一新、思路通达、豁然开朗的感觉。

思维方法是当今人们热议一个话题，但同时又是一个理论研究还很不成熟的学术领域，有许多问题尚待我们继续深入研究。加之笔者学识浅陋，时间仓促，资料的来源也受限制，书中疏漏之处定有不少，竭诚欢迎读者批评点正。

作者

2016 年元旦

目录

4 演绎思维法

5 分析思维法

6 综合思维法

上篇

基础思维方法

基础思维方法是对人的复杂思维活动过程的“分解”，其中既包括思维过程的基本环节“分析”与“综合”，也包括一些局部性质的思维活动如“比较”与“归纳”。这些基础性的思维方法同属于抽象思维的范畴，且它们多是辩证的对立与统一（如分析与综合、归纳与演绎等），并非孤立地存在，但这并不妨碍我们采用“分解”的方法对其逐一加以研究。在本篇内容中，我们将对六种最基本的抽象思维方法进行探讨，并通过一些故事和案例，通俗地说明这些思维方法的具体运用。当你阅读这些精彩纷呈的故事和案例时，你不仅可以领略名人和科学家的思维弧光与智慧，而且可以让你在享受乐趣的同时驱动思维的高速运转，在消遣和娱乐中提高你的观察力、注意力、记忆力、判断力、推理力，提升你思维的敏捷性、深刻性、灵活性，提高你的想象力、创造力和解决实际问题的能力。

1 比较思维法

人类认识事物一般是从区分事物开始的，而要区分事物，首先就要进行比较。爱因斯坦曾说："知识不能单从经验中得出来，而是从理智的发明与观察到的事实二者的比较中得出。"科学研究中的许多重大发现，常常就是运用比较思维的成果。

古老的"比较思维"

概念

比较思维是人们在头脑中把各种事物或现象加以对比，进而确定事物之间异同的思维方法。在研究工作中，比较的任务就在于从当前的差别中找出同一（异中之同），又在同一中寻求新的差别（同中之异），因此它是一种区分事物相同点和不同点的逻辑思维方法。

比较思维的客观依据在于事物间的普遍联系，事物只有在相互联系中才能存在，人们要理解事物就不能不在认识中相互比较，以求在比较中加深对事物的认识。人们通过对客观事物的分析、研究，再经过大脑对感性材料的加工制作，从而经过感觉而到达于思维，到达于逐步了解客观事物的内部矛盾，了解它的规律性，了解这一过程和那一过程的内部联系，即到达于理论的认识。

分类

比较思维的方法有多种，但通常大致分为三种，即相同点比较法、相异点比较法和同异综合比较法。

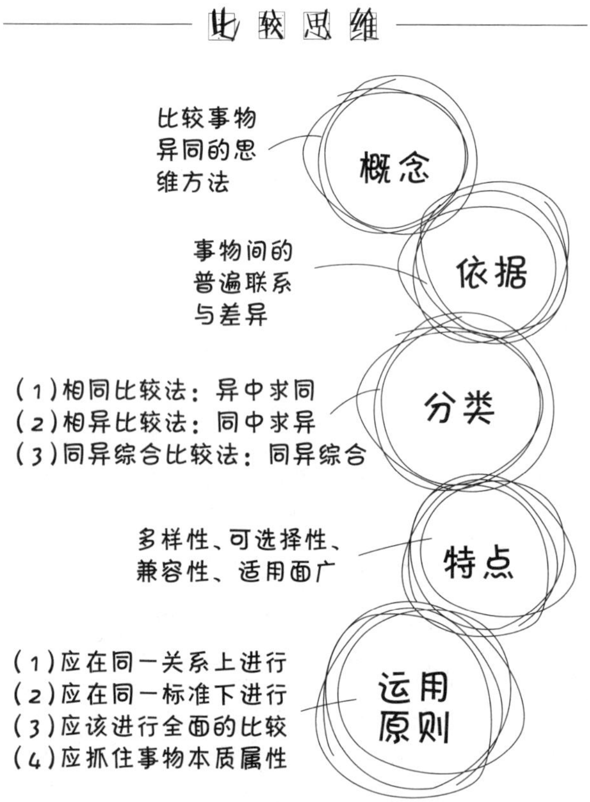

什么是比较思维

相同点比较法是通过比较两个或两个以上对象的相同点进而认识目标对象的思维方法。这种比较方法使我们认识到表面相异的对象之间可能有其共同性，即“异中有同”。

相异点比较法是通过比较两个或两个以上对象的相异点进而认识目标对象的思维方法。这种比较方法使我们认识到表面上相似的对象之间可能有其差异点，即“同中有异”。

同异综合比较法是通过比较两个或两个以上的对象进而认识其间的相同点与相异点的思维方法。同异综合比较同时具有前两种比较的特点，因而能提供较为全面的认识，所以它在科学发现中具有重要意义。

特点

比较是人类思维活动的鼻祖，也是人类意识能动性的基础，可以说，伴随人类思维的产生，比较的方法就已经存在，它是思维方法中一种最古老、最基础的方法，只要有人类思维存在的地方，你就能在那里找到比较思维的方法。正因如此，这才奠定了比较思维研究的意义。

首先，比较具有多样性。这里的“多样性”具有两层含义：一是指比较种类的多样性，各种比较在许多情况下都可以运用，且受外在的制约因素较少，在运用中还可根据情况的变化随时做出调整；二是指比较视角的多样性，由于比较的内容异常广泛，人们可以根据研究对象的不同从不同层面、不同方向进行比较，甚至可以从问题的不同层次进行立体地比较与思考。

其次，比较具有可选择性，这主要体现在比较作用内容的选择上。比较时，人们可以根据自己的需要，自主地、有针对性地选择作用内容、作用对象，在此基础上再进行分析与判断。比较的选择性越大，人的思维就越活跃，思维的效率也就越高。

再者，比较具有兼容性。比较思维方法不是固定不变的，它会随着时代的更替而发生变化，它是一种发展的思维方法。这是因为比较思维方法能吸收当代正确的科学方法论，通过消化吸收为其所用。比如矛盾方法论、对立统一规律等都可以运用到比较的具体分析操作中。兼容性是比较思维方法活力的来源，体现其顽强的生命力。

最后，是适用面广泛，人们在日常生活中都会不由自主地运用比较思维。比较思维作为一种相对简单的思维方法，它不受时间、空间、学科和内容等限制，可运用于各个领域、各个学科，例如比较文学、比较史学、比较文化学、比较宗教学、比较语言学等。因此比较思维方法是科学研究的基本方法，可以说，没有比较思维的方法，许多科学研究几乎无法进行。

运用原则

但也要指出，比较思维虽然运用广泛，却并非是任何时候、任何情况下都可以随便运用，通常只有在满足以下条件时，才能正确而有效地运用比较思维的方法。

第一，比较应在同一关系上进行，即被比较的两类事物必具有可比性。就如我国古典《墨经》中所说："木与夜孰长？智与粟孰多？"木与夜之长和智与粟孰多是无法进行比较的，因为它们是在不同关系上表现出的两种事物属性。

第二，比较应在同一标准下进行，即被比较对象必须有精确的、稳定的比较标准。比较获得的结果如何，很大程度上与比较的标准有关。如果比较的标准不科学、不确定，就会使比较所获得的信息不可靠，自然就难以做出正确的结论。

第三，应对事物进行全面比较，即从事物的多个侧面进行比较来认识事物。科学研究的对象往往是一个复杂的统一体，其表现是多方面的，只有从多侧面进行全方位比较，才为我们准确地把握事物本质提供了可能。

此外，还应注意抓住被研究对象的本质属性。科学的任务在于揭示事物的本质，而科学认识的途径和方法则是从事物的现象入手，透过现象去把握本质。因而我们在运用比较思维法时，要注意比较事物的真相和假象，抓住表面相似的对象之间的本质区别，不能被表面的相似性所迷惑。

比较思维与分类、分析、综合等思维方法有着密切的联系。通过比较思维，对研究对象进行定性、定量的分析，反映事物的变化及发展的规律和过程，所得结果之一，就是对研究资料进行分类，揭示一类事物的本质特征和内部联系，为解决问题提供依据。比较的思维过程又离不开分析的过程，人们通过分析，把笼统模糊的事物的诸方面、要素、环节、阶段区分开来，就可以进一步把此一事物与彼一事物相比较，不经过分析，便无法彼此进行比较，从这个意义上讲，比较思维中也包含着分析。比较是把已经分析开来的事物各要素相对比，对比的过程本身又是一个综合的过程，因此比较思维中同样也包含着综合。苏联教育家乌申斯基曾说："比较是一切理解与思维的基础，我们正是通过比较来了解世界上的一切的。"

"同分异构"的发现

十九世纪初期，随着西方工业化的进程，新的化合物不断被发现，人们认识的物质越来越丰富。但与此同时，它也给化学科学研究带来了新的难题。在这以前，人们都认为物质的组成是固定不变的，且每种物质都具有确定的化学性质。然而到了 19 世纪的 20 年代，人们开始发现有些物质虽然组成相同，但性质却各异。

1828 年，青年化学家维勒利用氯化铵和氰酸银反应，他期待得到产物是氰酸铵 NH_4OCN，但结果却意外地获得了尿素 $CO(NH_2)_2$。这一著名的实验不仅摧毁了当时有机物形成的"生命力"学说，填平了无机物和有机物之间曾认为是不可逾越的巨大鸿沟，而且实验的定量结果又为另一理论的产生提供了可靠的实证。

关于尿素的组成，英国化学家普劳特曾做过分析，他得出的结果如下：

元素种类	氮	碳	氢	氧
质量分数	46.650	19.975	6.670	26.650
原子个数	2	1	4	1

维勒分析了氰酸铵的组成，得出的结果与之基本相同：

元素种类	氮	碳	氢	氧
质量分数	46.79	20.19	6.59	26.24
原子个数	2	1	4	1

尿素：

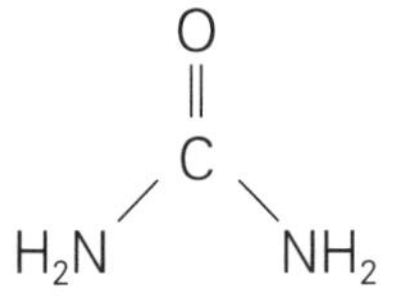

氰酸铵：$NH_4—O—C\equiv N$

氰酸铵和尿素分子结构式

定量分析的结果说明，氰酸铵和尿素分子中含有相同数目的原子，应都具有相同的分子组成，即分子式同为：CON_2H_4。尽管二者分子式相同，但理化性质却相差很大，譬如氰酸铵在 60℃就开始分解，而尿素却要到 160℃才发生分解。

其实，维勒早先研究氰酸盐时就发现过类似的现象。他曾仔细分析过氰酸银，并记录了这样的结果：氧化银 77.23%，氰酸 22.77%。而当时的另一化学家李比希研究的另一物质雷酸银，其分析结果与此基本相同：氧化银 77.53%，氰酸 22.47%。两组分的含量差别，基本可认为是测量误差，然而这两者的化学性质却明显不同。

这曾促使维勒和李比希两人联手起来共同研究，但所得结果却更不乐观，因为他们发现除氰酸（$H-O-C\equiv N$）与雷酸（$H-O-N\equiv C$）加热后生成的沉淀物组成完全相同以外，另外一种叫做三聚氰酸（$C_3H_3N_3O_3$——加热后即变成氰酸）的物质继续加热也生成同样的沉淀物。

比较上述各组分析的结果，引起了瑞典著名化学家贝采里

有趣的同分异构体

乌斯的高度注意。起先他认为这各组数据分析中，其中必有一种数据是错误的，但 1830 年他却发现自己测定的酒石酸和葡萄酸两种物质的组成也相同，而性质迥异。这就使得他开始了对这一奇怪现象的深入研究。为了说明这种情况，贝采里乌斯提出了“同分异构体”的新概念，并试图把各种不同的现象进行分门别类，这就形成了所谓“同分异构”的科学假说。多年以后，众多的化学事实均证实了这一假说的正确性，于是便形成了今天的“同分异构”理论。

显然，无论是贝采里乌斯提出“同分异构”的理论，还是先前维勒与李比希发现同分异构现象，这些科学家采用的思维方法都是比较思维的方法。

在日常生活中，同分异构的现象是随处可见的。譬如我们食用的葡萄糖和果糖，就是一对同分异构体（分子式皆为$C_6H_{12}O_6$），葡萄糖广泛存在与葡萄、苹果等水果中，它只有淡淡的甜味；而果糖在蜂蜜中含量最高，是最甜的单糖，所以人们形容甜的极限时常常说“比蜂蜜还甜”！不仅性质相似的物质可能是同分异构体，性质迥异的物质也可能是同分异构体，像酒精和甲醚（分子式同为C_2H_6O），酒精可以食用，是一种最常见的饮品，而甲醚是化工原料，绝对不可以食用！

查德威克发现“中子”

客观世界是对立统一又普遍联系的，大自然和社会生活中诸多相反、相异事物和现象的存在为比较思维的形成提供了基础。人们在认识事物和思考问题时，如果把当前事物或现象和与之相反、相异的事物或现象相比较，就可能产生更为科学的结论。

1930年，德国科学家博特和贝克用α粒子轰击轻元素铍时，发现从铍中发射一种强度不大但穿透力极强的射线，他们当时把这种射线称作是铍辐射。由于思维的局限，这两位物理学家没有进行深入地探究，错误地以为自己发现的是一种高能γ射线，并很快向外公布了自己的实验结果。

1932年，约里奥·居里夫妇重复了博特的铍辐射实验，他们的实验条件很好，有强大的射线源，很容易就得到与博特相同的结果。为了测量物质对铍辐射的吸收，他们把各种物质放在铍板与辐射测量仪之间，意外地发现，当把石蜡放在铍辐射经过的路径上时，辐射测量仪记录到的粒子数不仅没有减少，反而比不放石蜡时多出许多。经过鉴定，他们发现，从石蜡里飞出来的是质子。这表明，铍辐射从石蜡中打出了质子。根据打出的质子的速度，他们推算出这种射线的能量是 50 兆电子伏特，这与 γ 射线的 10 兆电子伏特相去甚远。显然，他们已经走到重大科学发现的门前——以实验证实了这种新射线并非 γ 射线，而应该是一种其他物质。然而，约里奥·居里夫妇还是沿着博特和贝克的错误思路思考，他们把这一现象解释为光子同质子的康普顿散射。1932 年 1 月 18 日，约里奥·居里夫妇发表了他们的实验结果和相关的评论。

詹姆斯·查德威克
（1891—1974 年）

英国科学家查德威克读了约里奥·居里夫妇的论文后，他根据对已知 γ 射线和居里夫妇测得新射线参数的比较，感觉这两种射线是同一物质的可能性并不大。因为 γ 射线没有质量，根本不可能将具有质量的质子从原子核中撞击出来，只有那些与质子质量大体相当的粒子才有这种可能。但查遍所有资料，在已发现的微观粒子中没有与质子质量大体相当的粒子，那么，这种新的物质究竟是什么东西呢？很快，他想到自己的老师卢瑟福曾在十多年前预言过的“中子”，莫非它就是“中子”？想到这里，他的心几乎要从胸中跳出来了：难道恩师十多年前的科学预言已经被实验所证实？于是，从 1932 年 2 月 7 日开始，查德威克狂热地投入到实验工作，每天只睡3小时觉，仅用10天就成功地证实了这种射线是名为“中子”的中性粒子流，并计算出“中子”的质量。

“中子”的发现对认识原子核内部结构是一个转折点，具有重大理论意义，由此查德威克获得1935年诺贝尔物理奖。事后，约里奥·居里说，如果他和妻子读到了卢瑟福1920年讲演中提出的关于“中子”的预言，他们的思路可能不会那么局限，将明明与 γ 射线能量相差5倍的新射线误认为是光子同质子的康普顿散射。如果当时自己能够对这种表面相似的事物进行相异点的比较，由他们取代查德威克鉴定出“中子”是完全有可能的。但现实是严酷而又公平的，即使是大科学家，也不会事后给你“如果……”的机会，过去了的不会再来！

张县令巧断“杀夫案”

三国时期，句章县县令张举是一个很有智慧的官员，据《疑狱集》记载，他曾接手审理过这样一件“谋杀亲夫”的案件。

案子的被告是一位三十多岁的妇人，很有几分姿色；原告则是死者的亲哥哥，一个地地道道的农夫。

庭审时，被告身着孝服，一到大堂就号啕大哭；原告则指着号啕大哭的妇人向张县令申诉道：“昨晚她回娘家，半夜，我弟弟家就起火，待我们赶去救火时，房屋已经烧塌，弟弟也被烧死在床上。我弟弟为人懦弱，而这女人平日就行为不轨，一定是她与奸夫合谋害死了我弟弟，请大人为小人做主。”

听完告词，被告马上跳了起来，大声叫道：“你说我有奸夫，奸夫是谁？你平白无故说我谋杀丈夫，你有什么证据？”

原告张了张口，却说不出个什么来。

这时，被告更加激动，凄厉地哭喊：“我的命真苦啊！年纪轻轻守寡，还要背上个黑锅，叫我怎么活呀！还不如让我一死了事！”说罢，猛地向旁边的厅柱上撞过去。差役见状慌忙上前阻拦，死死地拽住她。

于是，妇人哭得更加伤心了，哭声之悲切简直是撕人心肺！

审到这里，张县令感到审不下去了。这公说公有理，婆说婆有理，究竟谁说的是真情，看来一时半会还难断分晓，于是宣布休庭。

怎样判断这个案子呢？张县令反复思考着这个问题。该案无论是判断死者是他杀还是意外被烧死，都需要有证据，可目前既没有人证也没有物证，从案发现场和庭审结果都找不出任何线索，这该如何是好呢！

为了找到案件的突破口，张县令带着随从亲自赶到了火烧现场。

火烧现场一片狼藉，死者的尸体就停放在未烧毁的偏房中。

张县令令人掰开死者的嘴，他上前作了一番仔细的查看，面对灰烬飞旋、余烟缕缕的残屋，心中忽有所悟……

他立即下令道：“赶快捉两头活猪来！”不一会儿，两头活猪被捆绑着送到张县令面前。

张县令吩咐燃起两大堆火，将一头猪杀死，扔在火上烧烤，将另一头猪活活地在火堆里烧死。

好一番功夫后，火熄猪死。张县令命令道：“掰开猪嘴，看嘴内有什么没有？”

差役们查看后回报：“杀死后放在火上烧烤的猪，嘴内干干净净；活活烧死的猪，嘴内尽是灰烬。”

张县令当即命令再次升堂。原告、被告双双入堂，只见堂上摆着两头死猪。张县令要差役们再次回报烧烤死猪的结果，然后转头对被告说：“你丈夫的嘴内也是干干净净，一点灰烬也没有，这是什么缘故呢？”

那妇人先前的激动和口齿伶俐全没了，支支吾吾半天答不上话来，接着就如同一堆烂泥瘫倒在地上，只能一五一十地招认与奸夫谋害亲夫然后纵火烧屋的经过。

一个没有任何线索的“无头案”，就这样轻松地告破了。在这里，张县令正是运用了比较思维的方法，他巧妙地创设了对比条件，找出事物间内在联系与相似之处，变无证据为有证据，从而快速地查明了案情的真相。

“货比三家”的艺术

在日常生活中比较思维法的运用比比皆是，你到商场去买一件商品，不知道商品的质量和价格情况，你通常会“货比三家”。

一个顾客看中了一个小商品，于是和店主的讨价还价就开始了：

“这个多少钱？”，店主回答说“16 元！”“太贵了，4 元！”“我让一点利，14 元！”顾客摇摇头走开了。

来到另一个店面，顾客问同样一个商品的价格，店主的报价和刚才一样，顾客说“5 元卖不卖？”店主说：“12 元！”顾客摇摇头又走开了。

然后又来到第三家店面前，顾客指着同样的商品问：“这个 6 元卖不卖？”店主说“最少 11 元，不然就没钱赚了！”顾客回答说：“8 元，不卖我就走了！”店主拦住顾客说：“好了，成本价 10 元卖给你算了！”顾客停下来，最终确定买这家的商品，掏出钱付了款。

通常在讨价还价的过程中，商家始终处在一个有利的地位，由于双方的信息不对等，因而卖方总是获益更大。顾客要想获得更多的信息，使自己免做“冤大头”，最佳的策略就是“货比三家”。

下面介绍的这案例,更可以让我们知道“货比三家”的艺术。

王先生想在自家别墅后面修建一个游泳池，需要有温水过滤装置，并要求在两个月内完工。

王先生在游泳池的造价及建筑质量方面是个彻头彻尾的外行，但是这并没有难倒他，他首先在报纸上登了个建造游泳池的招商广告，具体写明了建造要求。

很快有 a、b、c 三位承包商找上门来，报上了承包标单，里面还有各项工程费用及总费用的预算。王先生仔细地看了这三张标单，发现所提供的抽水设备、温水设备、过滤网标准和付钱条件等都不一样，总费用也有不小的差异。

于是，王先生邀请 a、b、c 三位承包商到自己家里商谈。第一个约定在上午 9:00，第二个约定在 9:15，第三个约定在 9:30。三位承包商如约到来，但王先生客气地说，自己刚接到一个电话,有点急事需先处理一下,一会儿再与他们商谈。

三位承包商只得坐在客厅里一边交谈，一边耐心等待。

10:00 的时候,王先生出来请承包商 a 先生到书房去商谈。a 先生一进门就介绍自己做游泳池工程一向是最好的，建家庭游泳池实在是“小菜一碟”。同时，还顺便告诉王先生，b 先生曾经丢下许多未完的工程，现在正处于破产的边缘。

接着，王先生请 b 先生进来商谈。王先生从 b 先生那里又了解到，其他人提供的水管都是塑胶管，只有他所提供的是真正的铜管。

最后,王先生出来请 c 先生进行商谈。c 先生告诉王先生，其他人所提供的过滤网都是品质低下的，并且常常不能彻底做完，而自己则绝对能做到保质、保量、保工期。

王先生通过耐心的倾听和旁敲侧击的提问，基本上弄清了游泳池的建筑设计要求，特别是掌握了三位承包商的基本情况：a 先生的要价最高，b 先生的建筑设计质量最好，c 先生的价格最低。

经过权衡利弊，王先生最后选中了 b 先生来建造游泳池，但只给出 c 先生所提的价格。在与 b 先生经过一番讨价还价后，谈判终于达成一致，签署了协议。

就这样，三个精明的商人没斗过一个建筑外行。王先生在极短的时间内，不仅自己从外行变成了内行，而且还找到了质量最好、价钱最便宜的建造商。这种所谓让卖家与卖家竞争的策略，其前提就是“货比三家”！

1982 年，马克·鲁宾斯坦用完全信息动态博弈的方法，对“货比三家”中的讨价还价过程进行了模拟，并据此建立了完全信息轮流出价讨价还价模型，也称为鲁宾斯坦模型。可见，“货比三家”和“讨价还价”还真是一门学问。

类比的巧妙运用

在日常生活中，我们都知道，走路时不小心踩到香蕉皮上，很容易滑倒。对于这种司空见惯的现象，一般人都不会留意，但它却引起了某学者的浓厚兴趣。

20 世纪的 60 年代，一位美国学者通过显微镜观察，发现香蕉皮是由几百个薄层所构成，层与层之间很容易产生滑动。这位学者想，如果能找到与香蕉皮相似的物质，那它一定是一种很好的半固体润滑剂。于是，他开始研究寻找与香蕉皮结构相似的物质，结果发现，二硫化钼与香蕉皮的结构十分相似。经过反复实验，一种性能优良的润滑剂被制造出来了。

这位学者就是运用了类比思维的方法。

采用类比思维可以扩大思考的范围，从许多具有同一性或相似性的事物中获得启发，开拓出全新的研究领域。瑞士著名的科学家阿•皮卡尔，就是运用类比思维法，发明并制造出世界第一台自由移动的深海潜水器。

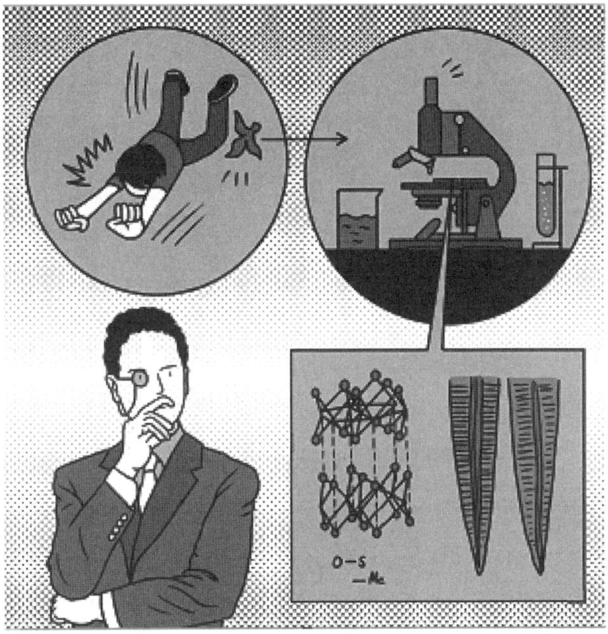

二硫化钼润滑剂的发明

皮卡尔是位研究大气平流层的专家，他设计的平流层气球，曾飞到过1.569万米的高空。后来他又把兴趣转移到了海洋，研究海洋深潜器。

尽管海和天完全不同，但水和空气都是流体，因此，皮卡尔在研究海洋深潜器时，首先就想到利用平流层气球的原理来改进深潜器。

在这以前的深潜器，往往既不能自行浮出水面，又不能在海底自由行动，而且还要靠钢缆吊入水中。这样，潜水深度将受钢缆强度的限制，钢缆越长，自身重量就越大，也就容易断裂。所以过去的深潜器一直无法突破2 000米的大关。

皮卡尔由平流层气球联想到海洋深潜器：平流层气球由两部分组成，充满比空气轻的气体的气球和吊在气球下面的载人舱，利用气球的浮力，可使载人舱升上高空。皮卡尔想，如果在深潜器上加一只浮筒，不也就像一只“气球”一样可以在海水中自行上浮了吗？

于是，皮卡尔和他的儿子小皮卡尔设计了一只由钢制潜水球和外形像船一样的浮筒组成的深潜器，在浮筒中充满比海水

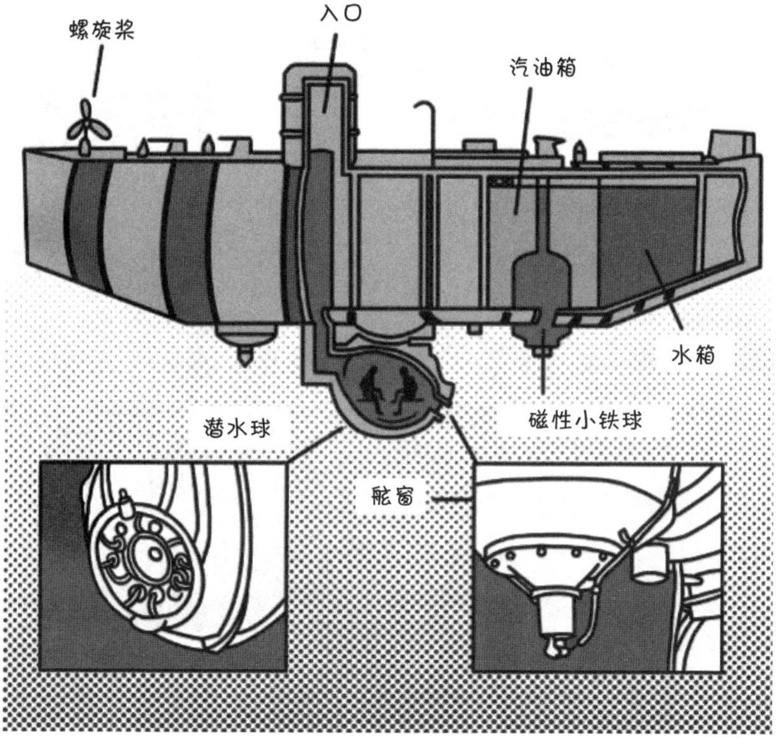

深海潜水器的构造

轻的汽油，这就使深潜器具备了上升的浮力。同时，他们又在潜水球中放入铁砂，作为压舱物，使深潜器沉入海底。如果深潜器要浮上来，只要将压舱的铁砂抛入海中，就可以借助浮筒的浮力升至海面；再配上动力，深潜器就可以在更深的海洋中自由行动。这样，再也就不需要在潜水器上拖一根重重的钢缆了。

潜水器第一次试验，就下潜到 1 380 米深的海底，后来又下潜到 4 042 米的深海底。其后，皮卡尔父子设计的另一艘深潜器“理雅斯特”号，下潜到世界上最深的洋底——1.091 68 万米，成为世界上潜得最深的深潜器，皮卡尔父子也因此获得了“上天入海的科学家”的美名。

运用类比思维方法时，要寻找到事物之间的共性，并且要对“相似性”保持敏感，这样才能实现对问题的触类旁通。法国著名医生雷内克瓦发明听诊器,运用的也是类比思维的方法。

一个星期天，雷内克瓦带着女儿到公园去玩。女儿要求爸爸跟她玩跷跷板，他答应了。玩了一会儿，雷内克瓦觉得有点累，就将半边脸贴在跷跷板的一端，假装睡着了。

女儿见父亲的样子,觉得十分开心,调皮地想逗一下父亲。雷内克瓦只听耳边一声清脆的响声，睁眼一看，原来是女儿用小木棒在敲跷跷板的另一端。这一偶发的现象，立即使雷内克瓦联想到自己在诊察中遇到的一个难题。

当时医生听诊，采用的方式是将耳朵直接贴在患者有病的部位，这样做既不方便也不科学。雷内克瓦想，既然敲跷跷板一端的木头，另一端就能听到清晰的敲击声，那么，是不是也可以通过类似的方法，使病人身体某个部位的声响让医生清楚地听到呢?

回到医院，雷内克瓦用硬纸卷了一个长喇叭筒，大的一头靠在病人胸口，小的一端塞在自己耳朵里，结果他听到了病人十分清晰的心音——世界上的第一个听诊器就这样发明制成了。

后来，他又用木料代替硬纸做成了单耳式木制听诊器。

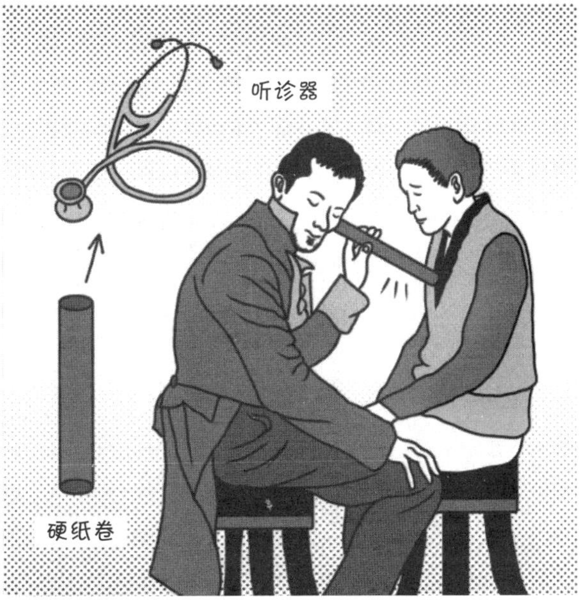

医用听诊器的发明

后人又在此基础上研制出现代广泛应用的双耳听诊器。

带刺的铁丝栅栏

比较思维中有一种方法叫做直接类比，直接类比是从自然界或者从已有的发明成果中，寻找与发明对象相类似的东西，通过直接类比，创造出新的事物。

农村常用的谷物扬场机，就是直接类比人工扬场的方式而研制出来的；医学上用于叩击病人的胸、腹部来诊断是否有腹水的“叩诊法”，是直接类比酒店里的叩击酒桶发出的声音来判断量的多少而得来的。

美国有个叫杰福斯的牧童，从一次事故的教训中，运用直接类比的方法发明了带刺的铁丝栅栏。

小杰福斯的工作是每天把羊群赶到牧场，并监视羊群不越过牧场的铁丝网到相邻的菜园里吃菜就行了。

有一天，小杰福斯在牧场上不知不觉地睡着了，不知过了多久，他被一阵怒骂声惊醒了。只见老板怒目圆睁，大声吼道：“你这个没用的东西，菜园被羊群搅得一塌糊涂，你还在这里睡大觉！”

小杰福斯吓得面如土色，支支吾吾答不上话来。

这事发生后，机灵的小杰福斯就想，怎样才能使羊群不再越过铁丝栅栏呢？

他通过仔细的观察发现：那片有玫瑰花的地方，并没有更牢固的栅栏，但羊群从来不从那儿过去。原来那是因为羊群怕玫瑰花的刺扎痛。

“有了！”小杰福斯高兴地跳了起来，“如果在铁丝上加上一些刺，不就可以挡住羊群了吗？”

于是，他先将铁丝剪成 5 厘米左右的小段，然后把它结在

杰福斯发明带刺的铁丝栅栏

铁丝上当刺。结好之后，他再放羊的时候，发现羊群起初也试图越过铁丝栅栏去菜园，但每次被刺疼后，都惊恐地缩了回来，被多次刺疼之后，羊群再也不敢越过铁丝栅栏了。

小杰福斯成功了。半年后，他申请了这项专利，并获批准。后来，这种带刺的铁丝栅栏便风行世界。

可见，一个简单的直接类比法，竟然会有如此之大的作用！

直接类比是类比思维中最常用的一种方法，也是相对简单的一种方法，日常生活中它的运用十分广泛。譬如由鱼骨类比缝衣针，由榆树叶边类比齿锯，由飞鸟类比飞机，由鱼类比潜艇，由照相类比拍电影，等等。

在生活和工作中，当我们要创造某一事物而又感到思路枯竭的时候，不妨通过直接类比，从身边已知的事物中，直接寻找与创造对象相类似的对应物。这样或许会启迪自己的思维，开拓自己的思路，克服凭空想象带来的思维局限。

非同类事物的类比

比较思维中还有一种方法叫做间接类比，间接类比就是用非同类事物类比形成的创意。在现实生活中，有些创造缺乏可以比较的同类对象，这时就可以运用间接类比的方法。

譬如空气中存在的负氧离子，可以使人延年益寿、消除疲劳，还可辅助治疗哮喘、支气管炎、高血压、心脏病等，但负氧离子只有在高山、森林、海滩、湖畔处较多出现。人们分析其生成的原理，通过间接类比法创造了水冲击法产生负氧离子，以后又吸取电冲击的原理，更方便地创造了电子冲击法产生负氧离子——这就是现在市场上销售的空气负离子发生器的工作原理。

间接类比法在生活中也常常能激发出许多有创意的想法。

斐塞司博士有一天午饭后坐在门前晒太阳，看见一只猫在阳光下安详地打着盹，很是悠闲。时间一分一分地流走，每隔一段时间，猫都会随着阳光的转移而不停地变换睡觉的场地。

这本来是人们司空见惯的现象，但它却唤起了斐塞司博士的好奇：猫为什么喜欢待在阳光下睡觉呢？

猫喜欢待在阳光下，那么这说明光和热对它一定是有益的。那对人呢？对人是不是也同样有益？这个想法突然在斐塞司的脑子里闪了一下。

就是这一闪而过的想法，成为闻名全球的“日光疗法”的

可透视地球仪的发明

创意触发点。之后不久，日光疗法便在世界上正式诞生，斐塞司博士也因此而获得诺贝尔医学奖。

如果我们家的庭院里也有这么一只睡懒觉的猫，我们也看到它一次次地趋近阳光，自己是否能像斐塞司博士那样去思考问题呢？如果大脑里不会由猫类比到人，是不可能产生“日光疗法”创意的。

间接类比法往往并不是首先明确创造的目的，而是先发现了某事物具有值得借鉴的特点，然后再去寻找和创造有什么东西可以与之相对应。

买西瓜的时候，摊主往往要把瓜切开一个小口，让人看看里面是否熟透了。有的人因此而进行联想类比，想到地球仪是不是也可以切开，让人们能看到地球的内部构造。于是他发明了可透视地球内部的地球仪。这种地球仪由几大板块组成，需要了解地球内部时，可随时打开，合起来与一般地球仪没有什么区别。

采用间接类比法，通常可以扩大比较思维的范围，使许多非同一性、非同类的事物，在相互类比中得到启发，从而开拓出新的思维领域。

功能类比的运用

功能类比是根据人们的某种愿望或需求，通过类比某种自然物或人工物的功能，从而设计创造具有近似功能的新装置，譬如各种现代机械的制造等。

长颈鹿的脖子很长，从大脑到心脏足有 3 米之遥。因此它的血压很高，否则不能将心脏的血液压上脑部。

但是，当长颈鹿低头喝水时，心“高”头“低”，心脏的血会猛烈冲击脑部，这样就可能出现严重的脑溢血。然而我们看到的长颈鹿却安然无恙。

原来，长颈鹿身上裹着一层厚皮，当它低头喝水时，厚皮自动收缩，箍住血管，从而限制了血液的流速，缓解了脑血管的压力。

科学家模拟长颈鹿的皮肤原理，制成“抗荷服”，用于保护飞行员。当飞机加速时，“抗荷服”可以自动压缩空气、压迫血管，从而限制飞行员的血液流速，防止其“脑失血”。

功能类比的方法应用范围也很广泛，它并非是科学家的专利，日常生活和工作中，每一个人都可能灵活加以应用。

我国某机械厂工人廖基程，他在厂里劳动时看到大部分精密零件的加工都需要人工操作。譬如为防止零件生锈，工人必须整天戴手套操作，而且手套还必须套得很紧，这样手指头才能灵活弯曲。但这种套得很紧的手套戴上和脱下都相当麻烦，且手套还很容易弄坏。这就促使他思考：能否改进一下这种手套？

有一天，他在帮妹妹做纸工艺品时，手指上沾满了糨糊，待糨糊干了变成一层透明的薄膜，紧紧地裹在自己的手指上。他当时就想：“这真像个指头套，要是厂里的橡皮手套也这么方便形成就好了！”顺着这一思路，他想到：如果有一种像糨糊一样的液体，干活前把手浸泡在液体里，干了以后就让手上沾的液体成为手套，不需要它时再把它浸在另外一种液体里洗掉，这不比戴橡皮手套更方便吗?

回到工厂，他将自己的这一设想向厂领导汇报后，厂里成立了一个研究小组，廖基程也从生产车间调到了这个小组里，经过反复研究、试制，终于发明了“液体手套”。使用这种手套，只需将手浸入一种化学药液中，就能在手上覆盖一层透明的薄膜，像真的戴上了手套一样，而且它比戴任何一种手套都更柔软、更舒适、更富有弹性。不需要它时，把手放进水里泡一下，

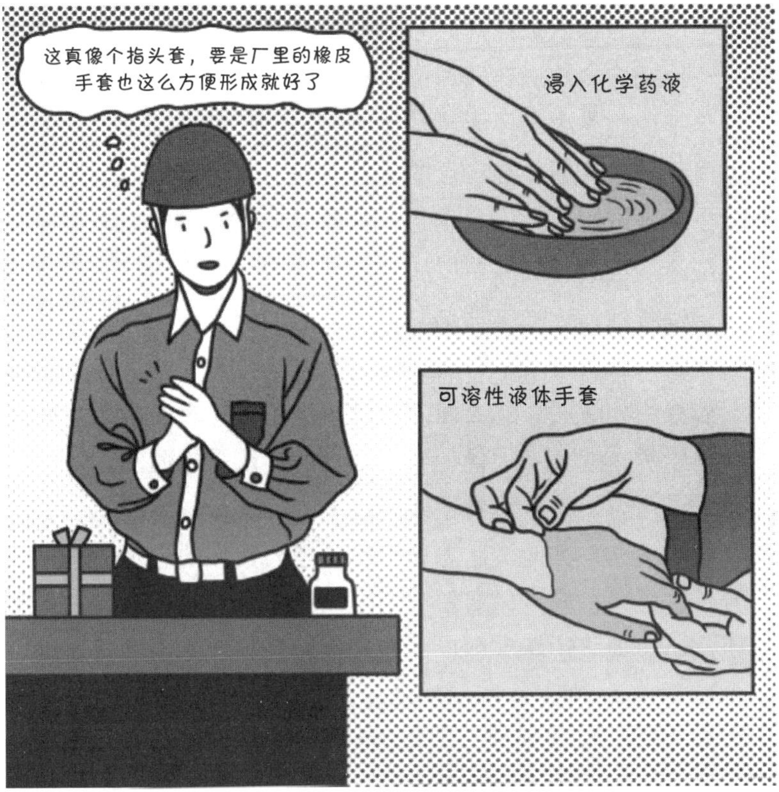

可溶性液体手套

就能完全溶化掉了。

与此相类似，一位技术人员利用功能类比创造了使油漆易脱落的方法。

如何才能比较容易地清除掉旧家具或墙壁上的油漆？这曾经是一个不容易解决的难题。一次，一家化学公司的技术人员在一起讨论这个问题，大家查文献、找资料，先后提出了许多种办法，结果或者不恰当，或者行不通。有个工程师想了一会儿，一下子思想开小差“走了神”，回忆起儿时放鞭炮的情景：导火绳一点燃，噼里啪啦地一阵响，裹在鞭炮上的纸被炸得四处飞舞、“片甲不留”。这时他头脑里突然冒出一个想法：是不是也可以在油漆里放点炸药，当需要油漆脱落的时候把油漆炸掉呢？他把这个想法在研讨会上提了出来，大家听后都觉得好笑，这不明明是小孩子天真幼稚的想法吗？但这位工程师并没有因为受到讥笑便放弃自己的想法，他沿着这条思路不断地探索、不断地试验，终于发明了一种可以加进油漆中的添加剂。把这种添加剂加在油漆里以后，它不会引起油漆的性质变化，但当它接触到另一种添加剂时，便会马上起作用，使油漆从家具或墙壁上剥落得干干净净。

放鞭炮和除油漆从表面上看是风马牛不相及的事情，但只要仔细思考，就会发现鞭炮与添加剂的功能是相通的，只要添加剂找得恰当，就能达到预期的效果。

功能类比与其他类比方式相比，它为我们的思考方式打开了另一扇大门，而且，随着控制论、信息论等现代科学技术的出现，功能类比法会得到更多的应用。正如控制论发明人维纳所言：“把生命机体与机器做类比的工作，可能是当代最伟大的贡献。”

根据形状进行类比

形状类比也是一种比较思维的方法，它往往是由某一原型的外形结构而类推出与此结构、形象相仿的创造物。譬如模仿昆虫复眼结构，用许多小的光学透镜有规则地排列起来制成光学元件——复眼透镜，用这种复眼透镜做镜头制成的“复眼照相机”，一次能拍摄出千百张相同的照片。

1903 年，莱特兄弟制造出了飞机，但他们不知道怎样使飞机在空中拐弯时保持飞行的平稳。于是他们想：鸟儿在空中拐弯时是怎么保持飞行平稳的？

通过仔细观察，他们发现老鹰在转弯时其羽翼可以弯折，这一下他们找到了问题的症结。于是他们仿照老鹰的羽翼制造了后面可以弯折的机翼，这就是现代飞机襟翼的原型。

形状类比不但大量运用于上述仿生学研究领域，在现实生活中也有诸多运用。

你仔细观察过没有：可口可乐瓶子的形状很像一位小女孩穿裙子的形象？这当中就有一段小小的故事。

莱特兄弟正操纵飞机襟翼进行试飞

美国有一位叫鲁托的制瓶工人，有一天他与女友约会，女友穿的裙子十分优雅。鲁托突然灵机一动，想到了一个玻璃瓶的设计图：女人裙子因为膝盖上部较窄，腰部显得有吸引力，如果把玻璃瓶设计成女子的裙子那样，一定也会大受欢迎！

他经过反复试验和改进，最后制造出这样一种瓶子：握上瓶颈时，没有滑落的感觉；瓶内所装的液体，看起来比实际的分量多，并且外观别致优美。

鲁托设计的玻璃瓶很快被可口可乐公司看中，最后以600万美元买下这项设计专利。这位制瓶的穷工人因善于发现，转

模拟女人裙子形状设计出的可乐瓶

瞬间变成了百万富翁。而可口可乐公司自从 1923 年买下这项专利后，至今仍使用这种形状玻璃包装瓶，它不仅深得顾客的欢迎，也有力地促进了可口可乐的销售。

无独有偶，“掌握全世界男人的胡子”的吉列剃须刀公司的创始人金•坎普•吉列，正是通过对耕地用耙子的形状类比，发明了风靡全球的安全刀片。

吉列曾是一家小公司的推销员。一天早上，吉列正刮着胡子，由于刀片磨得不快，刮得很费劲，一不小心脸被划了一道口子。懊丧之余，吉列盯着剃须刀，产生了创造新型剃须刀的念头。

于是他对周围的男性进行调查，发现他们都希望有一种新的剃刀，其基本要求就是安全、保险、使用方便，且刀片随时可以更换。根据这些需求，吉列开始了他研发新型剃须刀的行动。

由于没能冲破传统习惯的束缚，新发明的剃须刀基本构造总是脱不掉老式长把的局限，怎么办呢？吉列绞尽脑汁，还是一筹莫展！

一天，他望着一片刚收割完的田地，看到一位农民正轻松自如地挥动着耙子修整田地。这时一个新思路闪现在吉列的脑子里：对！新剃须刀的基本构造就应该同这耙子一样，简单、方便、运用自如。耙型剃须刀的雏形就这样形成了，很快，吉列研制成功新型的安全剃须刀。

不难看出，在运用形状类比时，需要我们具有敏锐的视角，不能放过任何一个可以用来效仿的对象。同时，还需要我们注意观察事物的形状特点，将其构造与我们的研究对象相结合，进而创造出与原有事物形状、功能相似的产品。

谈谈比较阅读法

比较阅读是指把内容或形式相近的或相对的两篇文章或一组文章放在一起，分析其相同点和不同点的一种阅读方法。这是在文章阅读中比较思维的典型应用。一般来说，比较阅读采用以下三种方法。

（1）相同题材的作品的比较阅读：不同作家由于思想、观念等差异，写出来的作品会在选材、立意、情感等方面有许多的不同。如同样是表现父爱的题材，朱自清的《背影》表现了中国父亲在特定情景下对儿子悉心照顾的老牛舐犊的情感，而美国作者威廉·亨德利克斯的《我的报童梦》中的父亲却从小培养孩子的独立能力、实践能力。由于两个国家的传统、观念不同，父爱的表达方式也完全不同。

（2）不同观点的作品的比较阅读：对同一事物持有完全相反观点的文章的比较阅读，可以正反对照，对砥砺思想、提高认识具有特殊的作用。曹植写过“七步诗”，郭沫若写过“反七步诗”，两首短诗都取材于豆与萁，但表达的中心完全相反。曹植同情“豆”，批判“萁”，郭沫若则完全相反，他说：“站在豆的一方面说，固然可以感觉到萁的煎迫未免过火，如果站在萁的一方面说，不又是富于牺牲精神的表现吗？”

（3）不同表现手法作品的比较阅读：比较阅读题材相似而表现手法不同的作品，可以体会作者不同的写作目的，领会表现手法为主题服务的原则。如小说与纪实文学的比较，记叙文和议论文的比较，诗歌和散文的比较，都会读出趣味来，比单一文章的阅读要多长几分见识。还有其他多种的比较阅读形式，如同一作家前后期作品的思想倾向的比较，同一作品的前后两稿的比较，不同作家作品的艺术风格的比较，作家的作品与有关的评论文章的比较等。这些都是较高层次的阅读方法。

将来做学问、搞研究，都是不可不用此法的。

进行比较阅读，选准“对比点”是关键，也就是选准比较思维的点。怎样才能选准对比点呢？

比较阅读的方法

项目	内容
阅读方法	（1）相同题材的作品的比较阅读
	（2）不同观点的作品的比较阅读
	（3）不同表现手法作品的比较阅读
选对比点	（1）从文章的内容上去选取对比点
	（2）从语言的运用上去选择对比点
	（3）从语言的表达方式上去选取对比点
	（4）从写作的技法上去选择对比点

（1）从文章的内容上去选取对比点：即从文章的思想内容上去比较有什么异同。如，《范进中举》和《孔乙己》两文主题思想相同的是：揭露了封建科举制度的罪恶，范进和孔乙己都受封建科举制度的毒害，但两个人的性格却是有差异的：范进有幸而中举，荣华富贵唾手可得，趋炎附势，巴结权贵；孔乙己则屡试不中，穷困潦倒，好吃懒做，迂腐善良，自命清高。尽管他们的命运迥然不同，但他们却都是封建科举制度的牺牲品。

（2）从语言的运用上去选择对比点：如《孔乙己》中人们对孔乙己的“笑”与《范进中举》中人们对范进中举后疯的“笑”是不尽相同的。孔乙己言行迂腐可笑，人们把孔乙己当作笑料，深刻地揭示了孔乙己在人们心目中的地位。而范进的疯笑，入木三分地揭露了封建科举制度的毒害之深。小说中旁人对范进疯态的讥笑，不乏阿谀奉承的色彩。

（3）从语言的表达方式上去选取对比点：文章都有一定的语言表达方式，从记叙文的种类来看，可以分为顺叙、倒叙和插叙。从表达方式来区分，又可以分为记叙、描写、议论、说明和抒情等。如，倒叙的作用在于引起悬念；顺叙的作用在于使文章脉络清楚，条理性强；而插叙的好处在于补充有关事情，使人对叙述的事情有较为清晰的了解，使文章曲折有致。

（4）从写作的技法上去选择对比点：例如，文章使用“照应”这一写作技法，每篇文章是不尽相同的。从照应的位置来看，可以有头尾呼应，段落间的照应，过渡段（句）的照应。从照应的作用来看，可以有承上照应，启下照应，既承上又启下的照应等等。能比较这些“照应”的特点，即能理解课文结构特点，学习范文的写作技法。又如，详写和略写的区分和比较，可以明确中心迅速抓住重点段来分析，可以培养自己的快速阅读能力。

此外，还可以根据不同的文体特点来选取对比点。

总之，通过将两种或多种材料进行对照阅读，在阅读过程中将其有关内容不断进行比较、对照和鉴别——也就是进行深入的比较思维，这样既可以开阔眼界，活跃思想，使认识更加充分、深刻，又可以看到差别，把握特点，提高鉴赏力，收到事半功倍的阅读效果。

2 分类思维法

古人云:“道”是万法归宗,这其中就蕴藏着深刻的“分类”思维。当我们从形而下的事实、现象中不断向上抽取“背后”再“背后”的一致性，我们就可以发现，原来任何规律都不过是对于事物之间联系的描述。而正是世界万物之间的这种普遍联系，才需要我们借助分类的思维方法去认识事物。

分门别类的思维法

概念

科学研究是一个从事实上升到理论的过程，它需要对事实材料进行整理和加工，并从中概括出定律、定理和原理来。而整理、加工和概括事实的材料必须从分类工作做起（无论本人做或是别人做），因为要识别事物和辨认事实，首先就要做到鉴别事物的属性和区分事物的种类，分类思维就是做这一工作的基本方法。

任何事物都可以按其属性区分开来，然后归并入一定的门类。这种按属性异同将事物区分为不同种类的思维方法就叫做分类。因此，分类思维就是根据事物的共同点和差异点来区分事物种类的思维方法。

依据

分类是在比较的基础上进行的，通过比较，找出事物间的共同点和差异点，然后在思想上根据共同点将事物集合为较大的类（在逻辑中称为“属”概念），又根据差异点将较大的类划分为较小的类（逻辑中称为“种”概念）。一个层次的种概念往往是上一层次的属概念，而一个层次的属概念又往往是下一层次的种概念。这样，分类的结果就将事物区分为具有一定从属关系的、不同层次的大小类别，形成各种概念系统，从而反映出客观世界中事物间的区别和联系。

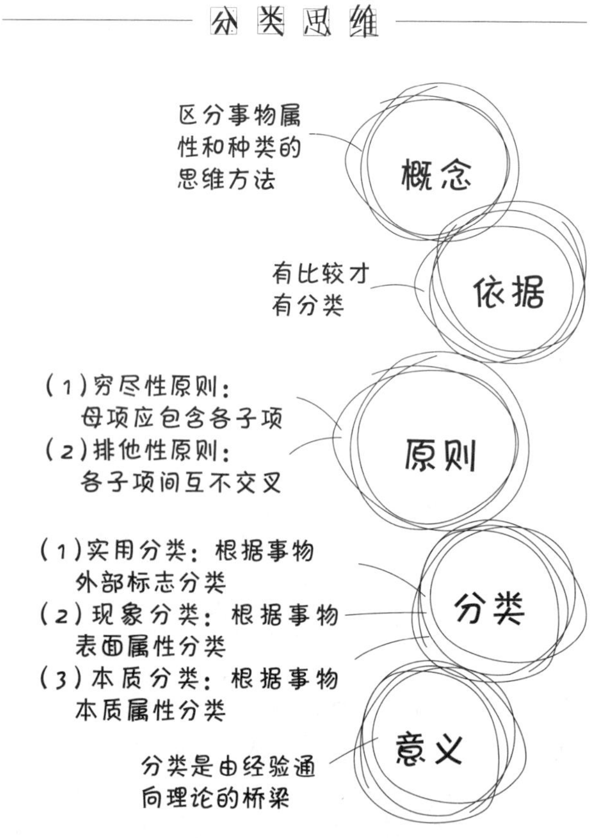

什么是分类思维

原则

分类是一种严谨的逻辑思

维，要想将事物区分为层次不同的从属关系体系，就必须遵守分类学的“穷尽性原则”和“排他性原则”。

（1）穷尽性原则：从逻辑上说，分类就是把一个“属”概念划分为若干“种”概念。这个“属”概念叫做母项，而那些“种”概念叫做子项。分类穷尽性的意思就是：划分出来的子项的外延之和，必须等于母项的外延。换句话说，属于母项外延中的每一分子都必须毫无遗漏地归入各子项的外延中。

这种分类方法在逻辑学中叫二分法，而在哲学上和科学上称为两分法。实际上，两分法所划分的两部分常常是有确定范围的。在自然科学的研究中，对象往往十分复杂，经常会碰到亦此亦彼的情况，这时就需要选择合适的属性，一方面须满足研究的要求，另一方面又可以用于划分对象。

由于科学的发展和人们对自然认识的不断深化，把原来定义下的概念和范畴的固定性动摇了，从而使其在分类系统中，可能由原来的穷尽性变为非穷尽性，这样就促使分类系统必须变化和向前发展。

（2）排他性原则：这就是说，把母项划分后，各子项的外延或范围应该互不相容。否则，各子项就会互相交叉，模糊了类别的界限，引起概念上和工作上的混乱。

分类必须遵守排他性原则，也就是说作为分类根据的那个属性在各子项中所规定的范围，应该是互不相容和互不交叉的。要保证分类的排他性，在分类时就必须注意划分的层次性和一次划分只能根据一个标准这两方面的原则。

第一，为保证分类的排他性，在分类时需逐层进行。所谓逐层进行一是指子项要保持同一层次，不可把上一层次的子项（对这个层次来说是与母项并立的）或下一层次的子项混入这个层次的子项行列中；二是指母项和子项要处于相邻的两个层次，不能在母项和子项之间跨越几个层次。当然，所谓邻接的层次也是相对的，会随着学科的发展而发生变动。

第二，为保证分类的排他性，在一次分类中，只能根据一个标准来进行。只有这样,才能保证各个子项的范围互不相容，保证其排他性。如果在一次分类过程中采取了两个或两个以上的不同标准，就难免出现子项交叉的情况。

当然,在许多领域中,分类的标准并不只是包含一个属性，而是包含着几个属性。但是，这几个属性必须综合起来作为统一的标准来使用，不能在一次分类中变动，并且此标准内的属性,不能和上一次及下一次分类标准中的属性发生重复,否则，就难免会出现一个层次的子项之间相互包容或上下层次之间相互包容，这就破坏了分类的排他性原则。

一般地说，分类标准的选择与我们分类的目的有关。如果我们的目的是为了有系统地认识客观事物，或者为了给进一步研究提供系统的事实材料，那么，我们必须尽可能地选择那些本质的属性和关系作为分类的根据。

每一种分类往往强调事物的某些方面即某一标准。这个标准则由分类的目的所决定。不同的分类目的，就有不同的分类标准；不同的分类标准，就有不同的分类类型；不同的分类类型，具有各自不同的特点和作用。

分类

从认识事物的深入层次来看,分类方法大致有以下三种类型。

实用分类：属性大都选取便于人们直观把握的外部标志，并不一定反映事物的本质，所得到的分类系统，可能不完全反映事物之间的自然关系，但它却可以满足某种实用的要求，这种分类就是实用分类。由于实用分类在人们进行信息检索中应用最多，所以也可以叫做信息分类。

现象分类：是以事物的表面属性和外部特征为标准所进行的分类。虽然现象是事物本质在各方面的外部表现，事物的本质是通过现象从不同方面表现出来的，但并非所有现象都能反映事物的本质。有一些事物在进行分类过程中，由于一时难以掌握其本质的属性，往往要从现象分类入手，这时现象分类的结果就不一定反映事物的本质联系，或者不能准确地反映事物间的本质联系。

实用分类和现象分类又叫做人为分类，这是由于这两种分类带有一定的主观随意性。对于科学认识来说，显然不能只满足于对现象的分类，而要从现象分类发展到本质分类。

本质分类：是以事物内在的本质属性为标准所进行的分类。本质分类又叫自然分类，因为它反映了事物的自然关系。但是，人类对客观事物的认识，并不是一次就能完成的，仍然有一个不断深化的、从较浅显的本质进入较深的本质的过程。就某个具体的分类系统来说，有时各自处在一个历史阶段，有的可能是现象分类阶段，有的可能是一级本质分类阶段，有的可能是二级本质分类阶段……由现象分类向本质分类的发展过程,实际上也就是这个领域中的科学理论由低到高的发展过程。

纷繁庞杂的事实材料一经分类，往往会显露出某些规律的线索和端倪，这就有助于某些规律的发现。由于分类系统反映了事物间的本质联系和内在规律，它可能具有科学预言的作用，在它的指导下，预见这个系统范围内尚未发现的东西。而且，分类还可以为人们迅速查找资料或获取材料提供方便的检索手段。

意义

分类法不仅是各门学科进行研究的一种基本方法，而且还形成了一些以分类方法为主的学科，如植物分类学、动物分类学、图书分类学等等。它们虽然大多是描述性的经验学科，却往往是它们所在领域中的基础学科，能够为这些经验学科上升到理论学科提供系统化的事实材料。任何一门科学要从事实堆积的经验阶段走向整理事实的理论阶段，都必须借助分类的方法来架设中间的桥梁。

但也要指出，任何分类都是种类之间实际界限的某种粗糙化的结果，由分类及所建立的概念、范畴总是有条件的和相对的，随着科学的发展它可能需要作出相应的修正。而分类往往导致研究范畴的固定化，这就是分类方法本身局限性的表现。同时，世界上任何事物都是以往历史上的事物发展变化而来的，事物由一种质态转化成为另一种新的质态，总是要经过量变到部分质变再到整体质变的过程。因此，总会有一些事物处于一个亦此亦彼的中间状态，此时就很难根据一种标准的比较进行分类了。所以分类并不一定能全面地反映事物之间的多种联系和区别。

科学分类体系的形成

分类学是一门进行分类的方法与科学。科学分类就是依据某些带有客观性的根据和主观性的原则，划分科学的各个分支学科，确定这些学科的研究对象、内容和辖域，明确它们在科学中的位置和地位，揭示它们之间错综复杂的联系，从而达到宏观把握科学的总体结构、微观领悟学科的前后关联之目的。科学分类作为科学王国的地图，无论在理论上还是在实践上，都具有不可小觑的意义。在理论上，它对于认识科学的总体画面、洞悉科学的构成框架、明晰科学内在关联、把握科学的研究范围、预测科学发展的趋势以及估价技术的原创基点，是绝对不可或缺的。在实践上，它对于科学部门的设立、科学规划的编制、科学政策的制订、科学资源的配置、科学研究的管理、科学信息的收集、科学教育的实施、科学传播的开展，均具有举足轻重的作用。科学分类无论对于从事科学研究的科学家，还是对于想要学习和熟悉科学的普通学者，都是大有裨益的。

尽管从古至今，人类一直在对科学进行各种各样的分类，但迄今为止并未形成统一的定论。争论归争论，现状归现状。目前通行的分类法主要有科学分类法、多文种综合性文献分类法等。著名哲学家、数学家、物理学家笛卡儿曾提出科学系统化的概念——科学树。笛卡儿认为："整个哲学像一棵树，树根是形而上学，树干是物理学，从这棵树上长出来的树枝则是其他一切科学"。而恩格斯则以下面的"科学树"，直观地描述过科学的分类图谱：

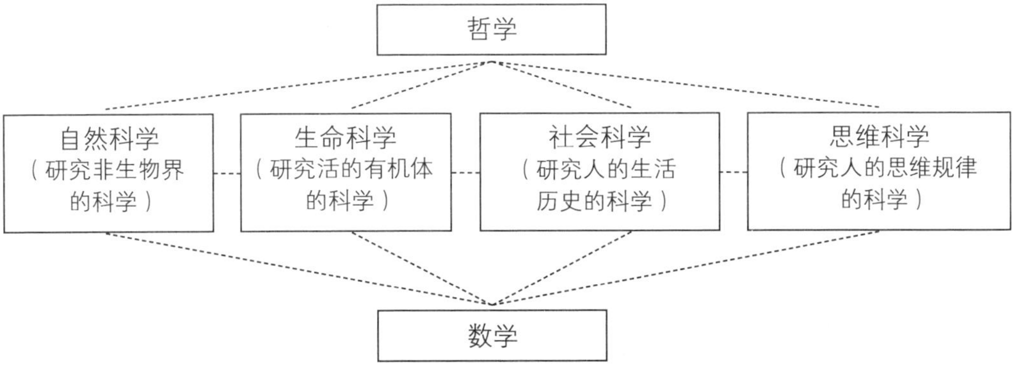

恩格斯的科学总体分类体系（1877 年 5 月）

一般来说，根据人类已经积累的众多知识，科学分类应该反映出以下事实：科学的系统性——各门学科间有内在的逻辑关系；科学的层次性——每门科学分支都建立在更基础的科学层次上；科学的分化和融合——每门学科都会随科学的深入而不断的分化成更细的分支，而不同分支又不断地融合形成新的边缘科学分支；研究对象的差异性——每门科学分支的研究对象都不相同，但最重要的性质是规律性——每门学科都应具有能够用数学语言描述，且能独立运行的客观规律。科学的系统性适合用树枝状系统描述，科学的分化和融合也适合用树枝状描述，科学的层次性则适合用阶梯状来描述，而所有这些描述都应遵循规律间的从属关系。

譬如自然科学是一个大系统，包含了物理、化学、生物等诸多分支学科，而每个分支学科可再分为子学科，从而形成大大小小的学科系统和高低层次。社会科学也是一个大系统，包含了政治学、经济学、法律学、社会学等等，同样每个分支学科可再分为子学科，形成不同的知识层次。

以化学科为例，"科学树"表示的化学分支局部图可绘制如下：

图中的数学、物理、化学、生物和技术学是一级学科；数学化学、物理化学、生物化学、有机化学、无机化学和分析化学是二级学科；其他的则为三级学科。其中作为化学自身分支的只有无机化学和有机化学，化学的其他二级学科都是和别的一级学科交叉后所形成的学科。而每一门二级学科可进一步分化为三级学科。如有机化学可分为小分子有机化学和高分子有机化学（高分子化学因为其重要性，现已

弗里德里希·冯·恩格斯
（1820—1895 年）

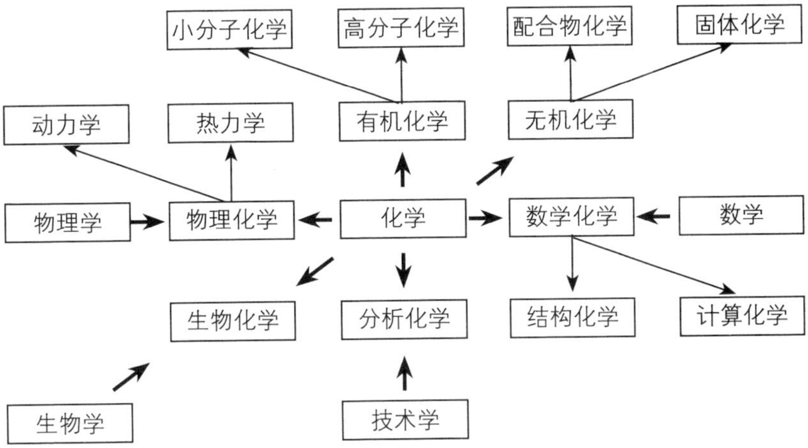

化学科学树的局部图

人为的将其提升为二级学科，但这种提升并不具有合理的逻辑性）；无机化学可分为配位化学（主要依据是配位场理论）和固体化学（主要依据能带理论和缺陷化学理论）；分析化学可分为容量分析化学（主要依据化学四大平衡理论）和仪器分析化学（主要依据声光电磁理论）；物理化学可分为动力学（主要依据碰撞理论和活化能理论）和热力学（主要依据热力学理论）；数学化学可分为结构化学（主要从几何学的角度研究分子和晶体的对称性问题）和计算化学（主要从代数学的角度研究分子的从头计算问题）。按现行的分类法，结构化学是作为物理化学的一个分支，但按照独自运行规律的要求，它更应归属于数学化学。由于化学分支自身已经比较复杂，为清晰起见，图中并没有把化学所有二级学科、三级学科、甚至四级学科都画出来。

由此可见，由于现代科学的分化与融合是如此的深入和广泛，即使是科学系统中的一个局部，要想用树形结构完全地表现出来也是不容易的。

生物分类学的历史

人类在很早以前就能识别物类，给以名称。汉初的《尔雅》把动物分为虫、鱼、鸟、兽4类：虫包括大部分无脊椎动物；鱼包括鱼类、两栖类、爬行类等低级脊椎动物及鲸和虾、蟹、贝类等，鸟是鸟类；兽是陆上的哺乳动物。这是中国古代最早的动物分类，四类名称的产生时期看来不会晚于西周。这个分类体系，和分类学家林奈的六纲系统比较，只少了两栖和蠕虫两个纲。

亚里士多德
（公元前384—322年）

古希腊哲学家亚里士多德采取性状对比的方法区分物类，如把热血动物归为一类，与冷血动物相区别。他把动物按构造的完善程度依次排列，给人以自然阶梯的概念。

17世纪末，英国植物学者约翰·雷曾把当时所知的植物种类，作了属和种的描述，所著《植物研究的新方法》是林奈以前的一本最全面的植物分类总结，约翰·雷还提出“杂交不育”作为区分物种的标准。

近代分类学诞生于18世纪，它的奠基人是瑞典植物学者林奈。林奈为分类学解决了两个关键问题：第一是建立了双名制，每一物种都给以一个学名，由两个拉丁化名词所组成，第一个代表属名，第二个代表种名。第二是确立了阶元系统，林奈把自然界分为植物、动物和矿物三界，在动植物界下，又设有纲、目、属、种四个级别，从而确立了分类的阶元系统。

卡尔·冯·林奈
（1707—1778 年）

每一物种都隶属于一定的分类系统，占有一定的分类地位，可以按阶元查对检索。林奈在 1753 年印行的《植物种志》和 1758 年第 10 版《自然系统》中首次将阶元系统应用于植物和动物。这两部经典著作，标志着近代分类学的诞生。

林奈相信物种不变，他的《自然系统》没有亲缘概念，其中六个动物纲是按哺乳类、鸟类、两栖类、鱼类、昆虫、蠕虫的顺序排列的。拉马克把这个颠倒了的系统拨正过来，从低级到高级列成进化系统。他还把动物区分为脊椎动物和无脊椎动物两类，并沿用至今。

由于林奈的进化观点在当时没有得到公认，因而对分类学影响不大。直到 1859 年达尔文的《物种起源》出版以后，进化思想才在分类学中得到贯彻，明确了分类研究在于探索生物之间的亲缘关系，使分类系统成为生物系谱——系统分类学才由此诞生。

目前的分类系统是阶元系统，通常包括七个主要级别：种、属、科、目、纲、门、界。种（物种）是基本单元，近缘的种归合为属，近缘的属归合为科，科隶于目，目隶于纲，纲隶于门，门隶于界。随着研究的进展，分类层次不断增加，单元上下可以附加次生单元，如总纲（超纲）、亚纲、次纲、总目（超目）、亚目、次目、总科（超科）、亚科等等。此外，还可增设新的单元，如股、群、族、组等等，其中最常设的是族，介于亚科和属之间。

分类工作的基本内容是区分物种和归合物种，前者是种级和种下分类，后者是种上分类。种群概念提高了种级分类水平，改进了种下分类，其要点是以亚种代替变种。亚种一般是指地理亚种，是种群的地理分化，具有一定的区别特征和分布范围。亚种分类反映物种分化突出了物种的空间概念。

由于种内、种间变异错综复杂，分类学者对种的划分有时分歧很大。根据外部形态的异同程度作为划分物种依据而划分的称为形态种，由于对各种形态特征的重要性认识不一，使划分的种类因人而异，尤其是分类学者对某些特征的“加权”常使它们比其他特征更具重要性，而造成主观偏见。

物种的变与不变曾经是进化论和特创论的斗争焦点，是势不两立的两种观点。但是，分类学的事实说明，每一物种各有自己的特征，没有两个物种完全相同；而每个物种又保持一系列祖传的特征，据之可以决定其界、门、纲、目、科、属的分类地位，并反映其进化历史。

一个物种或物类，以至整个植物界和动物界，都有自己的历史。研究系统发育就是探索种类之间的历史渊源，以阐明亲缘关系，为分类提供理论依据。尽管在分类学派中有综合（进化）分类学、分支系统学和数值分类学三大流派，但在其基本原理上都有许多共同之处，不过各自强调不同的方面而已。

分类与元素周期表

人们对元素周期律的发现和认识，起初就是源自于对元素的分类。从对元素分类到元素周期表的形成和发展，大体经历了以下三个阶段：

第一阶段为搜集资料和初步整理阶段，其主要任务是发现单质的化学元素，认识其物理和化学性质，测定其质量并根据元素的外部特性及其相互关系作初步的整理分类。这时的分类是人为的分类或叫做现象的分类。

首先对化学元素进行分类研究的是拉瓦锡。他在 1789 年出版的《化学大纲》中，对 33 种化学元素进行了分类，他认为这 33 种化学元素可分为四类：①气体元素：氧、氮、氢；②金属元素：银、锡、铜、砷、锑、铋、镍、金、钴、铁、钼、钨、锰、铂、铅、锌、汞；③非金属元素：硫、磷、碳、盐酸基、氟酸基、硼酸基；④能成盐的土质元素：石灰、镁土、钡土、铝土、硅土等。

进入 19 世纪以后，许多化学家都陆续研究过化学元素的分类问题，最有代表性的是柏莱纳的“三元素组”和纽兰兹的“八音律”。

1829 年，德国化学家德柏莱纳通过系统地研究当时已经发现的 54 种化学元素的性质，发现了几组元素，每组包括三个性质相似的元素。其中有：①锂、钠、钾；②钙、锶、钡；③氯、溴、碘；④硫、硒、碲；⑤锰、铬、铁等。他把这种三个性质相似的元素小组称为“三元素组”。

1865 年，英国化学家纽兰兹独立地从另一角度研究化学元素的分类。他把化学元素按相对原子质量递增的顺序排列起来，发现每隔 8 个元素，元素的物理性质和化学性质就会重复出现。这样他就把各种化学元素按着相对原子质量递增的顺序排列起来，形成若干族系和周期。他把化学元素的这一规律称为“八音律”，这就好像音乐里的八度音程一样。

第二阶段为进一步整理元素的资料和研究它们的内部关系，力求建立元素的自然系统的阶段。其主要任务是根据当时已发现的 60 余种化学元素的性质、相对原子质量，以及单质元素与化合物的内部联系，以寻求元素之间的规律性。门捷列夫运用比较和分类的方法，将具有共同性质的元素划分为一类，这就形成了“元素族”的雏形，然后他再根据相对原子质量由小到大的递变规律，把各个元素分组（主族和副族）有序地排列，这就形成了元素周期表，并以此归纳出元素性质的递变规律。

在元素周期律的发现方面同样做出贡献的还有德国化学家迈尔，迈尔是著名化学家本生的学生。1864 年，他出版了《现代化学理论》一书，书中按相对原子质量递增的顺序研究各种化学元素的性质，还列出了一个“六元素表”。迈尔的“六元素表”已具备了化学元素周期表的雏形，并且还给未发现的化学元素留出了空格。只是这个六元素表中所开列出的元素还不及当时已知元素的一半，只有 29 种，加上空格在内才 36 种，这显然是很不完全的。

德国化学家迈尔
（1814—1878 年）

而门捷列夫的元素周期律和周期表的发现，才真正揭示了元素的相对原子质量和性质之间的内在联系，使元素的分类工作从人为的分类进入到自然分类，从现象的分类进入了本质的分类。

第三阶段为现代化学元素周期系的阶段。在这一阶段中，人们进一步认识到元素的性质周期性变化和原子结构的内在联系，了解到元素性质随原子序数（实为核电荷数）的增加而呈现周期性变化是由于原子核外的电子重复排布建层而引起的，每一周期开始都出现一个新的电子层，而元素的电子层数就等于这个元素在元素周期系中所处的周期数；而每一个主族的族序数，实际上就等于这些元素原子的最外层电子数。这就从更深刻的本质上揭示了化学元素分类的周期系统。

门捷列夫
（1834—1907年）

从元素周期律和周期表形成与发展的过程可以看出，分类工作标志着科学的发展和进步，随着分类系统地逐步完善，科学也就能深入地认识事物的本质及其规律性。

李时珍的《本草纲目》

《本草纲目》是明朝伟大的医药学家李时珍为修改古代医书的错误而编撰。他以毕生精力，亲历实践，博采众长，实地考察，对本草学进行了全面而系统的分类、整理和总结。该书是他30余年心血的结晶，历时29年编成！

全书190多万字，共52卷，共分60个大类，记载了1 892种药物，其中374种是李时珍新增加的；绘图1 100多幅，并附有11 096个药方，是集我国16世纪以前药学成就之大成，在训诂、语言文字、历史、地理、植物、动物、矿物、冶金等方面都有突出成就。本书17世纪末开始传播，先后有多种文字的译本，对世界自然科学的发展也做出了卓越的贡献。它是对我国几千年来药物学的全面总结，无论是从它收录药物的数目之多，还是从它严谨的科学性和流畅生动的文笔来看，都远远超过古代任何一部本草著作。

公元 1578 年，年届六旬的李时珍完成了《本草纲目》，只可惜尚未确定书名。一天，他出诊归来，习惯地坐在桌前。当他一眼看到昨天读过的《通鉴纲目》还摆放在案头时，突然心中一动，立即提起笔来，蘸饱了墨汁，在洁白的书稿封面上写下了“本草纲目”四个苍劲有力的大字。他端详着，兴奋地自言自语道:“对,就叫《本草纲目》吧！”为了这部书的体例，李时珍曾长时间地考虑，也翻阅了不少书籍，最后从《通鉴纲目》中得到启示,决定采用“以纲挈目”的体例来编辑这本书，并以《本草纲目》这个名称作为自己历经 29 载心血完成这部书的书名。

一部收录 1 892 种药物，绘图 1 100 多幅，并附有 11 096 个药方的古代医学巨著，没有一个科学的分类系统，是无法成书的。因此,《本草纲目》的成就，首先在药物分类上改变了原有上、中、下三品分类法，采取了“析族区类，振纲分目”的科学分类方法。它把药物分矿物药、植物药、动物药三大类：矿物药分为金部、玉部、石部、卤部四部；植物药则根据其性能、形态、生长环境，区别为草部、谷部、菜部、果部、木部等 5 个部，其中草部又分为山草、芳草、醒草、毒草、水草、蔓草、石草等小类；动物类则按低级向高级进化的顺序排列为虫部、鳞部、介部、禽部、兽部、人部等 6 部。另外还有服器部。这种分类法，已经过渡到按自然演化的系统进行分类了，即从无机到有机，从简单到复杂，从低级到高级，这在当时是十分先进的。尤其对植物的科学分类，要比瑞典的分类学家林奈早 200 年。

《本草纲目》不仅在药物学方面有巨大成就，在化学、地质、天文等方面，都有突出贡献。在化学史上，它较早地记载了纯金属、金属、金属氯化物、硫化物等一系列的化学反应，同时又记载了蒸馏、结晶、升华、沉淀、干燥等现代化学中应用的一些操作方法。李时珍还指出，月球和地球一样，都是具有山河的天体，“窃谓月乃阴魂，其中婆娑者，山河之影尔”。《本草纲目》不仅是我国一部药物学巨著，也不愧是我国古代的百科全书。正如李建元《进本草纲目疏》中指出：“上自坟典，下至传奇，凡有相关，靡不收采，虽命医书，实该物理。”

李时珍
（1518—1593年）

《本草纲目》编写后，李时珍希望早日出版，为了解决《本草纲目》的出版问题，70多岁的李时珍，从武昌跑到当时出版业中心南京，希望通过私商来解决。由于长年的辛苦劳累，李时珍终于病倒在床，病中嘱咐他的孩子们，将来把《本草纲目》献给朝廷，借助朝廷的力量传布于世。可惜李时珍还没有见到《本草纲目》的出版，就与世长辞了，这年（1593年）他刚满76岁。

不久，明皇帝朱诩钧为了充实国家书库，下令全国各地向朝廷献书，李时珍的儿子李建元，将《本草纲目》献给朝廷，朝廷的礼部批了“书留览、礼部知道”七个字，就把《本草纲目》搁置到一边。这一搁就再无消息，最后仍然是在南京私人刻书家胡承龙的努力下将其刻印成书，终于在李时珍死后的第 3 年（1596 年）得以出版。公元 1603 年，《本草纲目》又在江西被翻刻，从此，在国内开始广泛地流传。据不完全统计，《本草纲目》在国内至今已有三十多种刻本。

公元 1606 年《本草纲目》首先传入日本，1647 年波兰人弥格来中国，将《本草纲目》译成拉丁文传至欧洲，后来又被先后译成日、朝、法、德、英、俄等文字，逐步流传到当今的世界各国。

李时珍对整个人类的贡献都是伟大的，因此深受后世人的敬仰。为了纪念这位伟大的医药学家，《明史》《白茅堂集》都为他写下了传记。清朝的光绪年间，朝廷在李时珍的墓地立碑纪念。新中国成立后，李时珍墓地又再次得到修缮。1956 年中科院院长郭沫若以题词作纪念，写道："医中之圣，集中国药学之大成，本草纲目乃 1892 种药物说明，广罗博采，曾费三十年之殚精。造福生民，使多少人延年活命！伟哉夫子，将随民族生命永生！"

思维的分类方法

由于思维客体的丰富多变，思维方法的使用就要依据对象来定。而方法又有层次结构，一个较高层次的方法包含着若干具体的和较小的方法。在思维进程中，随着思维内容或实践过程的进度和客体情况的变化，就需要使用不同的方式方法。因此，思维方法系统是一个复杂多变的系统，其种类可能多达 100 余种，是一个难以完全一一列举的认识范畴。以下我们介绍几类最常见的思维分类方法。

1. 根据思维所要解决的问题内容分：

（1）动作思维：以识记操作来解决直观的、具体的问题。

（2）形象思维：以形象进行的思维（含经验思维）。

（3）抽象思维：或称理论思维，也称为语词逻辑思维，指运用概念进行判断、推理的思维活动。其中，抽象思维又可分为悟性思维（或称知性思维）与理性思维（又称辩证思维或哲理思维）。

2. 根据思维的进程和方向分：

（1）横向思维：简单地说就是左思右想，思前想后。这种思维大都是从与之相关的事物中寻找解决问题的突破口。横向思维的思维方向大多是围绕同一个问题从不同的角度去分析，或是在对各个与之相关的事物的分析中寻找新的答案。

（2）纵向思维：将思维对象从纵向发展方向上依照各个发展阶段进行思考，从而设想、推断进一步发展趋向的思维。

思维的分类方法

项目	内容
根据思维所要解决的问题内容分	（1）动作思维；（2）形象思维；（3）抽象思维
根据思维的进程和方向分	（1）横向思维；（2）纵向思维；（3）发散思维；（4）收敛思维
根据思维的独创性分	（1）常规思维；（2）创造思维
根据思维适应人类践活动目的的不同需要分	（1）推理思维；（2）决策思维
根据思维的意识性分	（1）内向性思维；（2）现实性思维
根据思维的目的性可以分为	（1）上升性思维；（2）求解性思维；（3）决断性思维
根据思维的智力品质可以分为	（1）再现思维；（2）创造思维

（3）发散思维：也称求异思维，就是沿着各种不同的方向去思考，去探索新的远景，去追求多样性的思维。

（4）收敛思维：也称聚合思维或求同思维，就是把问题所提供的各种信息聚合起来得出一个正确的答案。

3. 根据思维的独创性分：

（1）常规思维：运用已获得的知识经验，按现成的方案进行问题解决的思维。

（2）创造思维：产生新的思维成果的思维，具有独创性。

4. 根据思维适应人类实践活动目的的不同需要分：

（1）推理思维：按逻辑的推理规则进行的思维活动。

（2）决策思维：人们在调查研究的基础上，根据实际与可能，确定行动目标，拟定多个可行方案，然后运用统一的标准，选定最佳方案的思维过程。

5. 根据思维的意识性分：

（1）内向性思维：只受主观意向和情绪操纵，不按逻辑规则，光凭想象、幻想甚至是“白日做梦”似的进行的无批判、无明显动机和目的、不受客观现实调节、以自我为中心的主观性思维。

（2）现实性思维：和现实世界相适应，能真实反映客观现实的一种逻辑思维。

6. 根据思维的目的性来看，可以分为：

（1）上升性思维：以实践所提供的个别性经验为起点，把个别经验上升为普遍性的认识。个别性思维大多来自日常的活体验，过于直接和个性化，因而不具有普遍的指导意义，其真实性有待实践检验，最终上升为普遍性认识。

（2）求解性思维：围绕问题展开思维，依靠已有的知识去寻找与当前现状之间的中间环节，从而使问题获得解决。如学生解答数学题，先分析已知条件，看看问题，最后再找由条件到问题之间的桥梁。

（3）决断性思维：以规范未来的实验过程或预测其效果为中心的思维。遵循具体性、发展转化、综合平衡三条原则。

7. 根据思维的智力品质划分，可以分为：

（1）再现思维：是依靠过去的记忆而进行的思维。把已经学过的知识原封不动地照搬套用，就属于这一种。

（2）创造思维：依赖过去的经验和知识，但却是把它们综合组织而形成全新的东西。如把已经学过的几个数学公式综合起来运用到某个具体的问题上来。那些被称作有发明天才的人，就是善于进行这种创造思维的人。

8. 根据思维的技巧上看，还可分为：

（1）归纳思维：从一个个具体的事例中，推导出它们的一般规律和共通结论的思维。

根据思维的技巧分类

根据思维的技巧划分思维的分类方法		
（1）归纳思维	（8）递进思维	（14）转化思维
（2）演绎思维	（9）想像思维	（15）跳跃思维
（3）求证思维	（10）分解思维	（16）渗透思维
（4）分解思维	（11）批判思维	（17）统摄思维
（5）侧向思维	（12）对比思维	（18）平行思维
（6）集中思维	（13）交叉思维	（19）组合思维
（7）逆向思维		（20）综合思维

（2）演绎思维：把一般规律应用于一个个具体事例的思维。在逻辑学上又叫演绎推理，它是从一般的原理、原则推及到个别具体事例的思维方法。

（3）求证思维：就是用自己掌握的知识和经验去验证某一个结论的思维。求证思维的结构包括论题、论据和论证方式。事实上一个人每天都会可能用到求证思维。

（4）分解思维：把一个问题分解成各个部分，从每个部分及其相互关系中去寻找问题的答案。

（5）侧向思维：利用“局外”信息来发现解决问题途径的思维，如同眼睛的侧视，从其他视角获得启示的思维方法。

（6）集中思维：从许多资料中找出合乎逻辑的联系，进而导出一定结论的思维。譬如对几个解决方案进行比较研究，从中导出一种解决问题的有效办法就属于这种思维。

（7）逆向思维：从反面想，看看结果是什么，故又称反向思维。包括反转型思维法、转换型思维法、缺点逆用法、反推因果法等。

（8）递进思维：从目前的一步为起点，以更深的目标为方向，一步一步深入达到的思维。如同数学运算中的多步运算。

（9）想像思维：就是在联想中思维，这是在已知材料的基础上经过新的配合创造出新形象的思维，是由此及彼的过程。

（10）分解思维：把一个问题分解成各个部分，从每个部分及其相互关系中去寻找答案。

（11）批判思维：一面品评和批判自己的想法或假说，一面进行思维。在解决问题的时候，历来都强调批判思维。批判思维包括独立自主、自信、思考、不迷信权威、头脑开放、尊重他人等六大要素。

（12）对比思维：通过对两种相同或是不同事物的对比进行思维，寻找事物的异同及其本质与特性。

（13）交叉思维：从一头寻找答案，在一定的点暂时停顿，再从另一头找答案，也在这点上停顿，两头交叉汇合沟通思路，找出正确的答案。在解决较为复杂的问题时经常要用到这种思维，如“围魏救赵”的故事就是这一思维方法的运用。

（14）转化思维：在解决问题的过程中遇到障碍时，把问题由一种形式转换成另一种形式，使问题变得更简单、更清晰。

（15）跳跃思维：跳过事物中的某些中间环节，省略某些次要的过程，直接达到终点。

（16）渗透思维：分析问题时，看到错综复杂的互相渗透的因素，通过对这些潜在因素关系的分析解决问题。

（17）统摄思维：凭借思维来把握事物的全貌，并统摄推论各个环节。它是用一个概念取代若干个概念，是一种高度抽象的思维。

（18）平行思维：是为了解决一个较为大型的问题，需要从不同的方向寻求互不干扰、互不冲突即平行的方法来解决问题的一种思路。它也是发散思维的一种形式。

（19）组合思维：在思维过程中，通过对若干要素的重新组合，产生新的事物或是创意。组合法是根据需要，将不同的事物组合在一起，从而创造出新的事物。

（20）综合思维：就是多种思维方式结合起来运用。很多问题光靠一种思维方式是不能解决的，必须有多种思维方式综合运用才能解答。

当然根据思维的技巧划分还可包括求同思维、求异思维、推理思维、系统思维、辩证思维、幻想思维、直觉思维、灵感思维，等等。

从理论上说，分类越详尽越好，但有些思维方式在训练与应用的过程中并不需要严格区分，一是很多思维方式总是共同起作用，二是有些思维方式统一在某种思维方式之中。

本杰明·布卢姆
（1913—1999 年）

学习的分类学说

学习是一个复杂的心理活动过程，对学习的过程进行分类，是一项极具挑战性的工作。从 20 世纪 50 年代中期开始，西方教育心理学家不只是对学习提出了各种分类系统，而且对学习的分类进行了理论性的概括。布卢姆、加涅和梅里尔等提出的学习分类学说对现代教学实践很有指导意义，是最近 20 多年来心理学对教学科学的重大贡献之一。

布卢姆在 1956 年根据美国高等院校主考人委员会的研究，将认知行为确定为由 6 级水平组成的分类系统，每一大类又可分为若干亚类。这 6 级水平的类别是：知识、了解、应用、分析、综合、评价。这个分类系统有三个特点：①除了复杂程度这一维度外，还考虑了另一维度即意识程度。布卢姆认为，行为越趋复杂，学习者越意识到它们的存在，这在认知领域中表现得特别明显。②它既是分层次的又是累积的，它的层次性表现为后继的行为类别比先前的类别更高，即后继的行为类别包含了先前的类别，最高的层次则是评价。评价除了作为一个独立类别外，它还包括知识、了解、应用、分析、综合所代表的行为。③它假定各类别或层次的行为适用于不同的教材、年龄和教学类型，也就是说，构成各类别或层次行为基础的过程是超越的。

1964 年，克拉思沃尔、布卢姆和马西在情感领域中也提出一个分类系统。主要的类别为：①接受或注意；②反应；③估价；④组织——建立价值系统；⑤性格化——行动与价值观一致，价值系统成为生活方式。

另一位教育心理学家加涅 1970 年提出 5 类学习结果（或称习得能力，在涉及态度时则称为倾向），它们分别为：①智力技能；②认知策略——通过概括化过程而发展起来的、更为特殊的习得智力技能；③言语信息；④动作技能；⑤态度。这 5 类习得能力（或倾向）之间并不存在简单的等级关系，但每种习得能力（或倾向）的编码方式不同，都受一系列不同的学习条件所制约。

罗伯特·米尔斯·加涅（1916—2002 年）

加涅对第一类智力技能再分为若干个亚类，它们分别是联合和连锁、辨别、概念、规则、高级规则等，各亚类之间有相互依存的关系。学习高级规则必须以学会规则为前提，学习规则又必须以掌握概念为前提……每一复杂的智力技能都能分解为从属于它的较简单的智力技能。由复杂智力技能到简单智力技能的逐步分析就是加涅所说的学习任务分析。分析所得的结果即是所谓的学习层级。如果从属的各种智力技能都已掌握，并能及时回忆起来，那么学习处于顶端的智力技能便易于掌握。加涅指出，人的智力发展过程除了基本的生长因素之外，主要是各种能力的获得过程与累积过程。由于学习有累积效果，在学习层级中的某一特定智力技能与其从属技能和较高级技能之间的关系不是固定归属的，层级与层级之间、学科与学科之间均有一定联系。当学习者掌握了某一概念或规则后，习得能力不仅能迁移到较高级的某一规则中，而且也可以迁移到其他的规则之中。

其后，心理学家梅里尔于1971年又提出了新的分类系统，该系统包括了认知、情感和心理动作诸领域，因而它是三种分类系统中最为综合、最为全面的一种。梅里尔的分类系统包括4个水平共10种行为类别，可以下表表示之：

梅里尔的分类系统

水平	类别（由简到繁）		
情感	（情感）		
心理动作	定位	连锁	复杂技能
记忆	命名	系列记忆	离散记忆
复杂认知	分类	分析	解决问题

表中4个水平之间的关系也是按层次假设来阐述的。除情感外的其他水平进一步细分为由简到繁的3种类别，第一种类别（定位、命名、分类）的特征是只有一个反应要素；第二种类别（连锁、系列记忆、分析）的特征是这些要素所构成的一系列反应；第三种类别（复杂技能、离散记忆、解决问题）的特征则是学习者必须有根据具体情景的不同而用某种顺序有区别地作出反应的心向。所以，梅里尔的分类具有“层中分层”的设想。梅里尔认为，排列层次不仅应根据各过程的复杂程度，还应根据学习者对它们的意识程度。随着等级层次的提高，对学习者有意识的认知要求也相应提高。因此，学习者要获得较高水平的行为需要付出更大的努力。

三种学习分类系统虽然存在差异，但也有着一致性，即每种分类系统都假设：行为的分类是根据基本过程的复杂程度按层次排列的，因此它们被公认为是以相同的一般学习理论为依据的分类系统，称为“过程层级论”。过程层级论的特性可概括为：①人的行为（尤其是认知行为，也包括情感与心理动作技能行为）是反映了心理过程的层次，而心理过程则可按其复杂程度划分等级类别。②个人对较高层次的行为意识程度较高，对较低层次的行为意识程度较低。③学习是累积的，较高层次的行为建立在较低层次行为的基础上，而较低层次行为也可转化为较高层次行为的组成部分。④构成行为分类基础的过程，在不涉及特定知识时，是超越年龄、教材内容和教学类型的限制的。

学习的分类学说有利于指导教师明确教学目标，并进行任务分析以及选择适当的教材和教法，因此它既能指导学与教的进程，又能指导学与教的效果的测量、评价、诊断与补救。但它仍有诸多不完善之处，例如，对情感与态度这个重要的教学目标，三种分类学说相对来说都研究较少、也较粗浅，因此尚有不少问题需要我们去研究和解决。学习的分类学说目前还处于一种不断完善的过程之中。

物质的科学分类

世界的本质就是物质，千差万别的物体只是物质的各种具体形态。物质的具体形态是无限多样的，它们通过相互联系和相互转化，构成了统一的物质世界。

物质首先可分为混合物和纯净物。混合物属于分散体系，可分为粗分散系（分散质颗粒的直径大于 10^{-7} 米）和分子分散系（分散质颗粒的直径小于 10^{-9} 米）以及介于其间的胶体

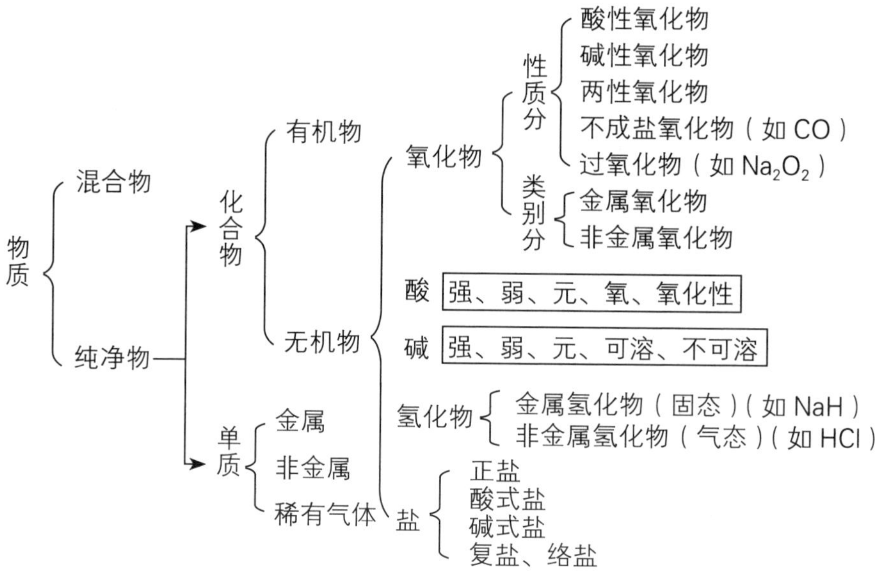

化学教学中的物质分类图

分散系（分散质颗粒的直径介于 10^{-7}~10^{-9} 米）。常见的悬浊液（如泥水）和乳浊液（一些有机农药的水制剂）就属于粗分散系，食盐水和蔗糖水属于分子分散系，而树胶、蛋清就是胶体物质。

纯净物又可分为单质和化合物。单质是由一种物质组成的纯净物，其中分为金属、非金属和稀有气体，常见的“五金”（金、银、铜、铁、锡）就属于金属单质，而氢气、氧气、金刚石和单晶硅等就属于非金属单质，稀有气体则是指氦气、氖气、氩气、氪气、氙气和氡气等六种气体。

化合物是由不同种物质组成的纯净物，其中分为无机物和有机物。而将无机物又可分为氢化物、氧化物、酸、碱、盐等等（如图 2–12）。从图中可以看出，氢化物、氧化物、酸、碱、盐还可以继续划分出各子类别。通过这样一步步地划分，人们

- 有机物
  - 烃
    - 饱和链烃 C_nH_{n+2}（如甲烷）
    - 不饱和链烃
      - 烯烃（如乙烯）
      - 炔烃（如乙炔）
    - 芳烃（如苯及苯的同系物）
  - 烃的衍生物
    - 卤代烃（如氯乙烷）
    - 醇（如乙醇）
    - 酚（如苯酚）
    - 醚（如乙醚）
    - 醛（如乙醛）
    - 酮（如丙酮）
    - 羧酸（如乙酸）
    - 酯（如乙酸乙酯）
  - 糖
    - 单糖：葡萄糖、果糖
    - 二糖：蔗糖、麦芽糖
    - 多糖：淀粉、纤维素
    - ……
  - 高分子化合物
    - 天然高分化合物
    - 合成高分化合物

有机物的分类图

对于繁杂的无机物世界研究，也就形成了有序的系统。

有机物是指含有碳元素的化合物，通常分为烃和烃的衍生物（以及糖类和高分子）。烃分为烷烃（如甲烷）、烯烃（如乙烯）、炔烃（如乙炔）和芳烃（如苯及同系物）等；烃的衍生物分为卤代烃（如氯仿）、醇（如酒精）、醚（如乙醚）、酚（如苯酚）、醛（如甲醛）、酮（如丙酮）、羧酸（如乙酸）、酯（如乙酸乙酯）等（如图 2–13）。这些划分方法都是分类思想的具体体现，同时也说明物质分类的思维方法在科学研究中无处不在。

物质的分类属于化学科学研究的范畴。化学是一门研究物质及其运动规律的科学。自然界的物质数以千万，物质的化学运动则是变化万千，因此研究化学首先就要学会从不同角度对物质及其变化进行分类，然后在解决某些问题时把某种物质或变化归纳到某一个类别之中去,用“类”的思想去解决化学问题。

图 2–12 和图 2–13 采用的是一种 “树状分类法”。树状分类法是根据被分对象的整体与分支的类型之间的关系，以陈列式的形状(树)来表示。而在上述树状图中也同时采用了“单一分类法”，单一分类法就是对对象使用一种标准的分类法，譬如图 2–12 氧化物根据 “类别分” 划分出了金属氧化物和非金属氧化物，这就是一种单一分类法。

除此之外，还有一种分类方法叫做 “交叉分类法”。交叉分类法是对对象用多种不同的单一分类法进行分类，譬如将硫酸按是否有氧元素、酸的强弱、酸的元数等不同标准进行分类，硫酸便可分别从属于含氧酸、强酸和二元酸等；再譬如图 2–14 中的碳酸钠（Na_2CO_3），它在图中可分别从属归类于钠盐和碳酸盐等。

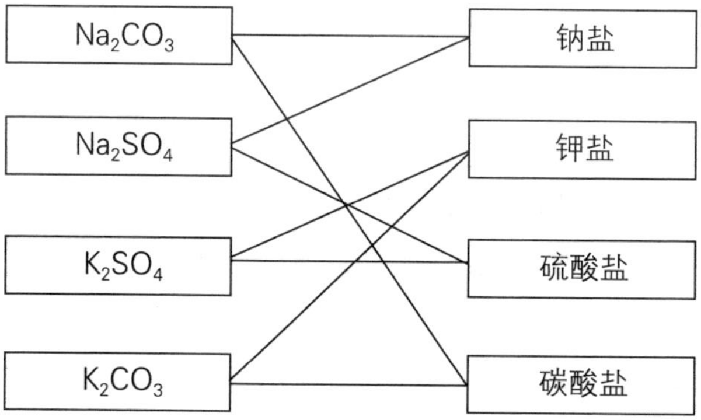

交叉分类法示例

分类既是一种思维方法，也是自然科学研究的核心思想。

科学发展到今天，人们认识的物质日益繁多且逐渐复杂，若无科学分类,便不能达到对其进行深入的研究。分类学中的“种”和“属”的概念，是一切科学研究的基础，恩格斯曾说，“如果没有‘种’的概念，还成什么东西呢？这些科学部门的一切成果都不仅要发生问题，而且要干脆废弃了。”因此可以毫不夸张地说，没有分类就没有现代化学，也就没有化学今天的发展！其实，化学学科是如此，其他学科同样也都是如此。

3 归纳思维法

归纳思维，广义地说，是指一切或然性思维；狭义地说，它是一种从若干个别性经验知识上升到一般性认识的思维过程或者信息处理方式。在人的认识活动中，归纳思维有着广泛的应用，因而它在人类科学探索实践中发挥着巨大的作用。

从个别到一般的思维

概念

“归纳”一词来自拉丁文“induction”（诱导）。后来它泛指从个别到一般的思维方法，即以某些个别性（特殊性）的知识为前提，由此推出一般性（普遍性）的知识结论，也是人们经常说的“根据具体事实概括出一般理论”的信息加工过程。

我们可以用集合的方式来表达归纳思维的原则：如果大量的情况 A（A_1，A_2，…，A_n）在各种各样的条件下被观察到，而且假如所有这些被观察到的 *A* 都毫无例外地具有性质 *B*，那么，所有 *A* 都具有性质 *B*。这一原则在逻辑学上称之为“归纳法原则”，它是人们进行归纳思维所依据的基本原理。

作用

在人对事物的认识过程中，归纳思维是一种重要的心理活动，它既是发现以假说形式出现的思维成果，也是检验思维成果的方法，尤其是它在科学研究中发挥着重要作用，以至于近代自然科学常常被称之为“归纳科学”。科学发展的历史表明，自然科学的经验定律和经验公式大都是应用归纳方法总结出来的。

例如，人们在自然界观察到大量的年轮现象：树木有年轮，从它的年轮可以知道它的年龄；其他植物，如水仙花也有年轮，它的年轮在它的蒜头上；动物也有年轮，最引人注目的是龟的年轮，从龟背各盾片环数的多少就可以知道它的年龄；牛、马也有年轮，它们的年轮在牙齿上。近来发现，人也有年轮，科学家发现人的年轮在脑中。根据这些自然的年轮现象，我们可以归纳得出：

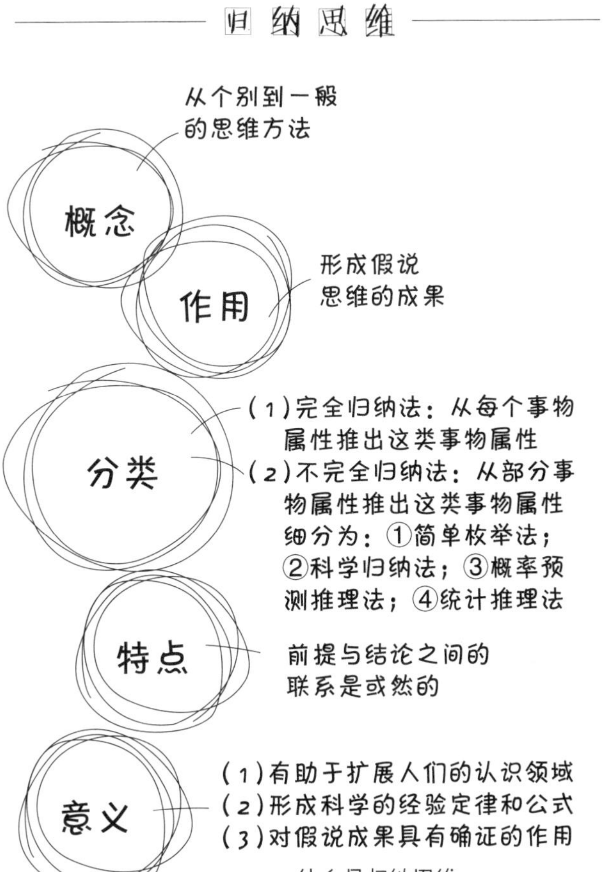

什么是归纳思维

所有生物都有记载自身年龄的年轮。

分类

归纳思维的形式和方法虽然很多，但我们可以把它归纳为两个大的类别，即完全归纳推理法和不完全归纳推理法。

（1）完全归纳法：是从一类事物中每个事物都具有某种属性，推出这类事物全都具有这种属性的推理方法，又叫枚举法。这种方法的使用必须遵循两个规则：一是前提中被判断的对象是该类事物的全部对象，二是前提中的所有判断都必须是真实的。因此使用完全归纳法得出的结论是全面而可靠的。通常在事物包括的特殊情况数不多时，采用这种方法。

（2）不完全归纳法：是从一类对象中的部分对象都具有某种性质推出这类对象全体都具有这种性质的归纳推理方法。也就是说，不完全归纳法的结论范围超出了前提所涉及的范围，即由部分扩展到了全体。正是由于归纳思维突破了前提所断定的范围，人们的思维才能够突破当前情境的局限而扩大认识的领域，并获得新的认识。譬如当人们得知青霉素能够治疗某些人的炎症时，进而认识到青霉素也可以治疗其他一些人的炎症；当人们解剖一只麻雀，得知它具有“五脏六腑”，进而认为所有麻雀都是如此。

不完全归纳法又叫做普通归纳法，它又包括简单枚举法、科学归纳法、概率预测推理法和统计推理法 4 个子类。这里我们仅介绍简单枚举法和科学归纳法。

（1）简单枚举法：简单枚举法是从一些个别的事例归纳出它们所共有的特性，从而得出一个一般性结论的推理方法。例如：“金导电、银导电、铜导电、铁导电、锡导电，所以一切金属都导电”。前提中列举的部分金属都具有导电的属性，从而推出“一切金属都导电”的结论。运用简单枚举法要尽可能多地考察被归纳的某类事物的对象，考察的对象越多，结论的可靠性越大，这样可避免“以偏概全”的逻辑错误。许多民间谚语如“瑞雪兆丰年”“月晕而风，础润而雨”“鸟低飞，披蓑衣”等，都是根据生活中多次重复的事例用简单枚举归纳推理出来的。

（2）科学归纳法：科学归纳法是依据某类事物的部分对象都具有某种属性，并分析出制约这种情况的原因，从而推出这类事物普遍具有这种属性的推理方法。科学归纳法又分为求同与求异两种方法：如果把出现同一现象的几种场合加以分析比较，在各种场合均有一个相同的条件，那么这个条件就是在各场合都出现的那个现象的原因，这叫做求同法；如果某种现象在一个场合出现，在另一个场合不出现，这两个场合只有这一条件不同，那么这个条件就是出现这种现象的原因，这叫做求异法。与简单枚举法相比，科学归纳法不单是停留在对事物经验的重复上，而是进行了科学分析，在把握对象与属性因果联系的基础上再作出结论。

意义

归纳思维因其具有扩展性与概括性的特征，这就决定了它在科学思维活动中的重大作用。其中，主要表现在以下三个方面：

第一，归纳思维对于经验定律和理论原理的发现具有重要意义。作为科学理论构成中的低层次的经验定律，大都是受归纳法的启发而总结出来的，而且在理论原理的最初提出时也常常要运用归纳思维方法。正如培根所指出的，科学归纳法要求人们依照正常的上升阶梯，不打岔，不躐等，一步一步，由特殊的经验上升到较低级的原理，然后再到中级原理，最后再上升到最普遍的原理。

第二，归纳思维有助于扩展人们的认识领域。归纳思维根据部分对象的认识推论到该类事物的全体对象或者不同部分对象，能弥补人的认识力有限的不足而扩展人们的认识领域。培根指出，只有当我们在经验基础上运用归纳法，认识范围才更大、更宽一些，“这样，我们才既不致拘执于已知的事物，也不致只是松弛地抓着空虚的影子和抽象的法式而没有抓住坚实的和有其物质体现的事物。一旦这种过程见诸应用，我们就终于看到希望的曙光了。”

第三，归纳思维对于以假说形式出现的思维成果具有确证作用。人们在探究客观事物及其本质或规律时，一般要形成假说，假说是人们的思维成果的最初表现形态。某一假说提出之后，人们就要思考该假说的真理性，而假说的真理性是需要事实来验证的。为了检验假说的真理性，就需要从它演绎出一些关于事实的推断，然后通过观察和实验等实践活动进行验证。如果假说的逻辑推断与经验事实相一致，那么该假说就得到一定程度的支持。我们把这种在一定程度上证实假说的真理性的过程，称之为假说的确证。

特点

但须指出，不完全归纳的前提是一些关于个别事物或现象的认识，而结论则是关于该类事物或现象的普遍性认识，因此，归纳的前提与结论之间的联系不是必然的，而是或然的。归纳思维即使理由正确可靠，思维过程合乎逻辑规则，从真的前提也不能必然地得出真的结论。这是因为，从实际观察到有限事例跳到了涉及无穷对象全体的结论，或从过去、现在跳到对未来的预测，这两者都没有逻辑的保证，因为适用于有限的不一定适用于无限，过去和现在出现的事物并非将来一就定会出现。

不过即使如此，这也并不意味着归纳是无价值的。当人们对新事物的研究积累了较多的材料时，就需要运用归纳推理的方法作出初步的概括，推出一个或然性结论以作为进一步研究的起点。事实上，在感官观察和经验概括基础上形成一般性结论的归纳推理过程，是对客观世界的新探索过程，是一个获得对客观世界的新认识的过程，没有这个过程，科学的发展几乎是不可能的。

“辏合显同”的思维法

“辏”，原是指车轮辐集于毂上，后引申为聚集。“辏合显同”就是把所感知到的有限数量的对象依据一定的标准“聚合”起来，寻找它们共同的规律，以推导出最终的结论。这就是归纳思维的运用。

“辏合显同”法在科学研究中有相当广泛的应用。

哥德巴赫
（1690—1764年）

1742年，德国数学家哥德巴赫写信给当时著名的数学家欧拉，提出了两个猜想。其一，任何一个大于2的偶数，均是两个素数之和；其二，任何一个大于5的奇数，均是三个素数之和，这便是著名的哥德巴赫猜想。

从猜想形成的思维过程来看，所运用的就

是归纳思维的逻辑方式。我们以第一个猜想为例：4=1+3（两素数之和）；6=3+3（两素数之和）；8=3+5（两素数之和）；10=5+5（两素数之和）；12=5+7（两素数之和）……

这样，通过对很多偶数分解，“两素数之和”这个共性就显示出来了。也就是说，它采用了从个别到一般的思维方法。

虽然“辏合显同”基于对事物特性的“不完全归纳”，带有想象的成分，但它本身也是一种有创造性的思维活动，因为它把诸多对象聚合起来，所“显示”出来的是一种抽象化的特征，在很多情况下，往往是一种新的特征。

运用归纳思维法，通常有以下几种方式和技巧：

浏览法：这种技巧要求我们在归纳时，应将对象一个接着一个地分析。分析进行到一定时候，就会产生有关归纳对象共同特征的假设。接下去的“浏览”（分析）则是为了证实。证实之后，归纳“显同”就实现了。

例如，我们面前有一大堆卡片，每一张卡片都有三种属性：（1）颜色（黄、绿、红）；（2）形状（圆、角、方块）；（3）边数（一条边、三条边、四条边）。

我们可先一张一张看过去，然后形成一个大致的思想：这些卡片的共同点在于都只有三条边，继而再往下分析，看一看这一设想是不是正确。不正确，推倒重来；正确，就确定了，也就是归纳“显同”了。

定义法：这种方法通常是用来概括认识对象的。给对象下定义，就包括对象的形态、对象的运动过程、对象的功能，通过这样一番概括，我们就能找到事物的共性，也就锻炼了自己的归纳思维能力。

例如，我们经常在公共场所看到雕像，它是一种艺术，称为雕塑艺术。事实上我们看到的是各种不同的雕像，那么，如何能认识到它的本质呢？这就涉及我们对雕塑艺术的“定义”了。一般来说，“雕塑”可定义为：雕塑是一种造型艺术，它通过塑造形象、有立体感的空间形式以及这个种类的艺术作品本身来反映现实，具有优美动人、紧凑有力、比例匀称、轮廓清晰的特点。

显然，给事物下定义的过程，本身就是一种归纳思维的过程。

剩余法：这是一种间接的归纳的方法。它的基本原理是：如果某一复合现象是由另一复合原因所引起的，那么，把其中确认有因果联系的部分减去，则剩下的部分也必然有因果联系。天文学史上就曾用这种方法发现了新行星。

1846 年前，一些天文学家在观察天王星的运行轨道时，发现它的运行轨道和按照已知行星的引力计算出来的它应运行的轨道不同——发生了几个方面的偏离。经过观察分析，知道其中几方面的偏离是由已知的其他几颗行星的引起的，而另一方面的偏离则原因不明。

这时天文学家就考虑到：既然天王星运行轨道的各种偏离是由相关行星的引力所引起的，现在又知其中的几方面偏离是由另几颗行星的引力所引起

“辏合显同”发现海王星

的，那么，剩下的一处偏离必然是由另一个未知的行星的引力所引起的。后来有些天文学家和数学家据此推算出了这个未知行星的位置。1846 年按照这个推算的位置进行观察，果然发现了一颗新的行星，那就是海王星。

归纳思维的演进

德国数学家弗里德里希·高斯，在 10 岁时曾迅速而准确地得出老师出的一道算术题的答案。这道题是这样的：1+2+3+…+98+99+100＝？这道题如果用普通加法算，得好多时间，而且容易出错。高斯发现，从 1 到 100 这些数，两头对称的两个数相加得数都是 101。而两头对称的数，在 1 到 100 中共有 50 对。于是他把 101×50 便迅速得出 5050 这一答案。

在这里，高斯就是用完全归纳推理的方法得出“两头相加为 101”这一结论的。看起来完全归纳推理法似乎是一种很聪明、严谨的方法，但有时若运用不当，也可能会成为一种又笨又繁的方法。

佛教《百喻经》中曾记载了这样一则故事：从前有一位富翁想吃杧果，打发他的仆人到果园去买，并告诉他：“要甜的、好吃的你才买。”仆人拿好钱就去了。到了果园，园主说：“我这里树上的杧果个个都是甜的，你尝一个看。”仆人说：“我尝一个怎能知道全部呢？我应当个个都尝过，尝一个买一个，这样最可靠。”仆人于是自己动手摘杧果，摘一个尝一口，甜的就都买回去。带回家去，富翁见个个都被咬了一口的杧果，觉得非常恶心，全部扔掉了。

这个非常有讽刺意味的故事告诉我们，完全归纳推理有很大的局限性，它要求对一类事物的全部分子都进行考察，最后才能得以推出结论。

于是，人们学会了运用不完全归纳的思维方法。

譬如上面提到的，人们首先发现铜、铁、锡、铅等金属能导电，而在实践中又并未发现不导电的金属，于是就有了“所有金属都能导电”的结论，这种结论就是用不完全归纳的简单枚举法推出来的。

但简单枚举归纳推理得出的结论是或然性的。因此，在应用简单枚举法时，要注意寻找反面事例。如果发现有与所得结论相矛盾的事例，结论就会被推翻。

例如，在很长一段时间里，人们看到的天鹅是白色的，鱼是用鳃呼吸的，金属是沉于水下的，于是通过简单枚举归纳推理得出结论:“所有天鹅都是白色的”“鱼都是用鳃呼吸的”“金属都沉于水”。后来，人们在澳洲发现了黑色的天鹅，在南美发现了不用鳃呼吸的肺鱼，在化学研究中发现了不沉于水的金属（钠和锂等），因而，上述结论就被一一否定了。

如此看来，完全归纳推理在有些情况下可能是一种笨办法，而简单枚举归纳推理有时所得结论又不准确。为了既简便又能提高结论的可靠度，因而人们又学会了运用科学归纳思维的方法。

很早以前，在厄瓜多尔居住的印第安人中流行一种叫疟疾的急性传染病。患者感觉一阵冷，一阵热，热后大量出汗，头痛、口渴，全身无力。当时无药可用。

有一天，一位患者在路上发病，因为口渴难挨，便爬到附近一个死水坑边喝了那里的水，结果病竟然奇迹般地好了。于是他把经历告诉别人，其他患者也都去那里喝水，病也纷纷好了。

死水坑里的水喝了能够治疟疾，而其他水坑的水以及井水、湖水、河水却不能治疟疾，显然这不是水的问题，而是这

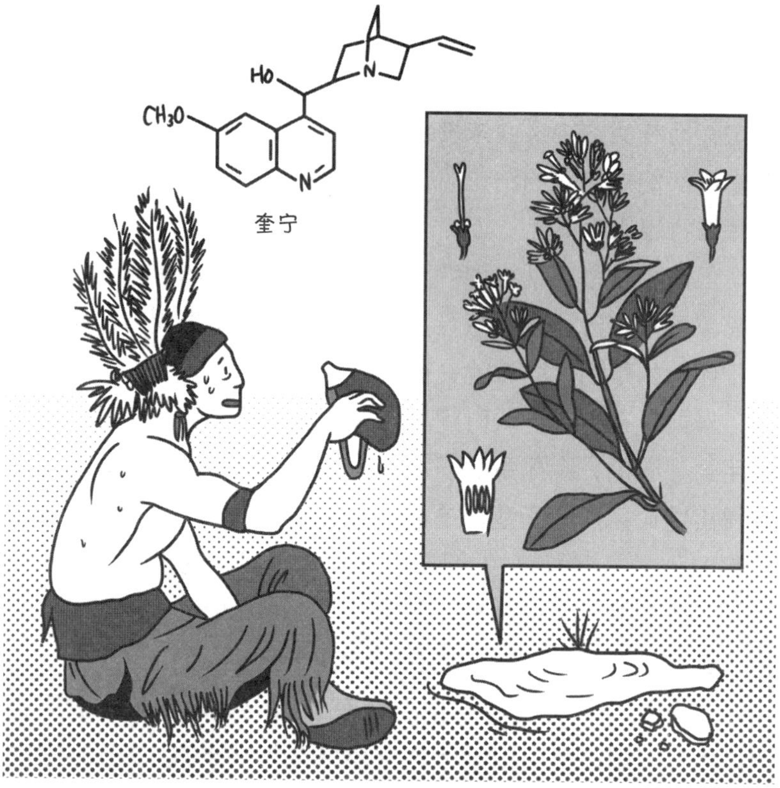

治疗疟疾特效药奎宁的发现

个土坑的缘故。后来经科学家考察发现，那水坑的水中含有奎宁。原来在那水坑上长有金鸡纳树，有的树倾覆在水坑里，树皮里含的奎宁溶解在水中了。正是这奎宁杀死了患者体内的疟原虫，治好了他们的疾病。

找到了原因，明白了其中的科学道理，科学家们便发明了治疗疟疾的特效药奎宁，为了纪念当初人们发现的金鸡纳树，就将这种药命名为金鸡纳霜。

这就是运用了科学归纳推理的方法。科学归纳推理是在简单枚举归纳推理的基础上发展起来的。简单枚举归纳推理是知其然不知其所以然，而科学归纳推理是既知其然又知其所以然。因而科学归纳推理比简单枚举归纳推理的可靠性更大一些。

科学归纳推理是以发现客观事物间的必然联系为依据的。因果联系是客观世界普遍联系的一种重要形式，因而，在进行科学归纳推理时，常常要通过确定事物或现象间的因果联系来实现。

弗洛伊德是奥地利的医学博士。有一天，他看到儿子睡觉时眼珠子忽然动起来，他感到很奇怪，连忙叫醒儿子，问他睡觉时发生了什么事，儿子说他刚才正做着一个梦。有心的弗洛伊德突发奇想：眼珠子转动会不会与做梦有关呢？于是，每当儿子睡觉时，他便守在旁边，一旦发现眼珠子转动，他便叫醒儿子，而儿子总是说做了一个梦。这些观察和反馈，第一次证实了梦与眼珠转动的关系。为了进一步验证他的观察，他又仔细观察他的妻子做梦的情况，后来又观察了邻居，观察了他的病人，所有的观察都发现同样的情况。弗洛伊德把他的观察写成了论文，引起世界各国科学家的关注。从生理学上看，人在入睡时眼珠转动，表明睡觉者在做梦，并且可以用眼珠转动的次数、时间，测量人做梦的次数和做梦的时间长短。用这种目测观察的结果与脑电波测试的结果是吻合的，这就证实了弗洛伊德的发现是有科学根据的。这一发现，为研究梦的心理过程奠定了基础。

弗洛伊德·西格蒙德
（1956—1939年）

在这里，弗洛伊德从正确的理论出发，运用逻辑推理，得出了一个创造性的结论；然后，根据这个结论或原来的理论，再运用逻辑推理，又得到一个新的结论。这就是既运用了归纳思维法，又运用了演绎思维法。所以在实际思维中，归纳和演绎常常是相互推移、交替使用的，二者是辩证的对立与统一。

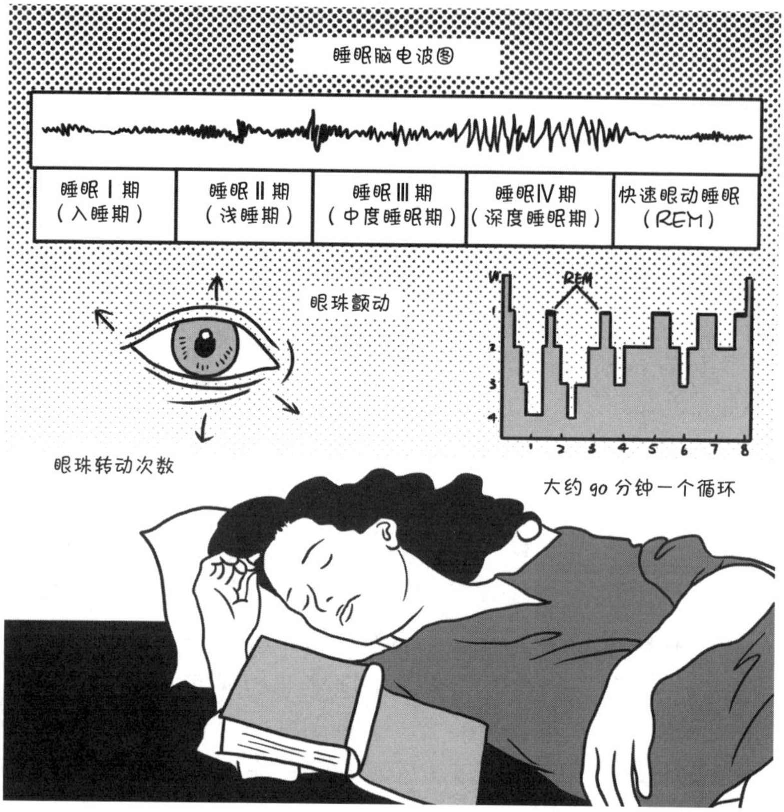

从眼珠转动的次数测量人做梦的时间

定组成定律的提出

拉瓦锡在《化学纲要》中是这样强调化学研究的任务的：“化学以自然界的各种物体为实验对象，旨在分解它们，以便对构成这些物体的各种物质进行单独检验。”这里，他突出了物质组成的研究与元素的探索。自拉瓦锡后，定量分析成为化学研究的基本手段，精确的天平是实验室的必备仪器。随着分析对象的不断扩大，引出了一个重要问题：化合物是否具有确定的组成？即组成化合物的各种元素的比例是否确定不变的？

普劳斯特是法国的一位药剂师，与拉瓦锡一样，都曾聆听鲁伊勒的化学授课，而他更有在幸鲁伊勒的指导下完成了尿液的分析研究，确定了尿的结晶混合物中含有氯化钠和铵盐，并发现了尿酸晶体。由于其出色的工作，他声名远播，年仅 23 岁就被西班牙国王招聘为教授，并通过对各类矿石的分析，萌发了定组成定律的思想。

普劳斯特
（1754—1826 年）

普劳斯特的工作主要在西班牙完成。起初，他收集了来自日内瓦、非洲等世界各地的矿泉水、海水、湖水等各种不同类型的水。经过研究发现，不管来自何地的或何种类型的水，除去这些水中所含的少量杂质后，所得的纯净水的组成，一律都是含氧 88.9%和含氢 11.1%（指重量百分比）——没有一个出现例外。

于是，普劳斯特进一步设想，其他化合物也应该像水一样具有固定的组成。

1791 年，他出任西班牙马德里的化学实验室主任，负责研究各地的矿石。他在煅烧锌的时候，得到一种白色粉末（氧化锌，俗称锌白，

ZnO）；接着，他又通过煅烧各种各样的锌矿石，也得到这种白色粉末。通过实验证明：无论用什么办法制得的这种白色粉末，其性质都是完全一样的。

普劳斯特又研究一种绿色的铜化合物——碱式碳酸铜（即铜绿，又称为孔雀石，分子式为 $Cu_2(OH)_2CO_3$）进行化验。他先用微火加热，得到了其中一种生成物——水（H_2O）；又用旺火加热，得到了黑色的氧化铜（CuO）和二氧化碳（CO_2）。其化学反应方程式为：$Cu_2(OH)_2CO_3 \xlongequal{加热} 2CuO + H_2O + CO_2\uparrow$ 据此，他测得碱式碳酸铜的组成（质量比）为：含氧化铜72.1%，二氧化碳 19.8%，水 8.1%。接着他将天然孔雀石溶解在硝酸里，再加入碳酸钾，重新得到绿色的沉淀物——人造的碱式碳酸铜沉淀。他化验了该沉淀，结果和天然的一样。从而证明了天然的碱式碳酸铜和人造的化学组成完全一样。

依据上述一系列的实验结果，普劳斯特通过归纳思维的方法指出：我们看不出南半球的氧化铁和北半球的氧化铁有什么不同，日本的辰砂和西班牙的辰砂的成分是一样的，氯化银不管是产自秘鲁还是西伯利亚都是完全相同的。全世界只有一种氯化钠，一种硫酸钡，一种硫酸钙。化学分析到处证实了这些事实。

1799 年，普劳斯特正式提出了定组成定律，该定律又称为定比定律，他表述为："我们必须承认，化合物在生成时，有一只不可见的手掌握着天平。化合物就是造物主指定了固定比例的物质。简而言之，造物主除非有天平在手称重并量度，就不能创造化合物这东西。两种或两种以上元素相化合成某一化合物时，其重量之比是天然一定的，人力不能增减。"

然而，这一定律一经提出，即遭到了他的好友贝托雷的激烈抨击。贝托雷当时也正好发表了《化学亲合力之定律》一文，其中的主要观点正好与定比定律背道而驰。他认为，一种物质可以和有相互亲合力的另一种物质以一切比例相化合。他坚信，物质质量的相对多少，在反应时对化合物的组成有着重要的影响。其核心理论就是化合物的组成是变化无穷的，而非固定的。有这种见解的根源是贝托雷比较注意化学变化的过程，而并不注意变化的产物。为了批驳普劳斯特，他以溶液、合金、玻璃（实为混合物）为例，说明物质的组成并非是固定的。

贝托雷
（1794—1922年）

1802—1808年，普劳斯特发表了许多论文来答复贝托雷的批评。他承认，几种相同的元素可以生成不同的化合物。但同时也指出，这些化合物的种类是不多的，常常不过两种，而且每种化合物都有自己固定的组成。而且在这几种化合物中，化合比例明显不同。他说，混合物的各成分可以用物理方法分离出来，但化合物却不行。因此我们说，普罗斯特也是第一个正确区分混合物和化合物的人。

不过，普劳斯特和当时的大多数化学家一样，所做测定偏差均较大，欠缺足够精确的定量分析支持，使得其观点说服力不强。直到19世纪中叶，贝采里乌斯通过精确实验分析，才证明定组成定律只有微小的偏差。后来，比利时分析化学家斯达为了进一步验证普劳斯特的假说，进行了极精密的实验，得到极为精确的数据，最终证实了普劳斯特物质定组成的假说。

至此，围绕定组成定律持续 70 多年的辩论，终于结束了。

在这场论战中，双方都保持了良好的涵养和学术修养，摆事实，讲道理，毫无意气用事。贝托雷虽然在当时比普劳斯特有名得多，但贝托雷从来没有以势压人。普劳斯特十分明白他与贝托雷之间的争论对学术进展的意义，他在 1808 年给贝托雷的信中表达了他的感谢之情："要不是您的质疑我是难以深入研究定比定律的。"正如后来的法国化学家杜马所说："这次论战在形式上，就像内容上一样，都是科学争论的最好榜样。"普劳斯特与贝托雷的友好还不局限于那场被誉为科学争论的榜样的论战，在拿破仑发动对西班牙的战争中，普劳斯特的实验室和搜集到的样品全部被法军破坏，战后拿破仑皇帝曾听从贝托雷的劝告，对他的损失进行了巨额赔偿。普劳斯特直到晚年时才回到法国居住，1816 年他当选为法国科学院院士，1826 年在法国去世，享年 72 岁。

有一点令人觉得惋惜，普劳斯特没有进一步发现倍比定律。对贝托雷关于铅系列的氧化物的说法（铅在氧化过程中随着温度的不断升高形成一系列的铅氧化物：$PbO_2 \rightarrow Pb_{12}O_{19} \rightarrow Pb_{12}O_{17} \rightarrow Pb_3O_4 \rightarrow PbO$），普劳斯特指出，这些化合物的种类不是无限多，而是有限数种，每种化合物都有固定的组成，在几种化合物间，化合比例的变动不是连续的而是跳跃式的或者阶梯式的。这时，只要他再深入一步，把铅系列的氧化物组成作一比较，那么倍比定律就呼之欲出了。也许，他忙于与贝托雷论战，倍比定律和创立原子论的荣耀一起，都让给后来的道尔顿先生了。

用归纳法推出科学定律

1802 年，盖·吕萨克通过大量的气体实验，发现气体体积与温度改变成比例的变化，于是他归纳出气体热膨胀定律，也就是后来人们称为的“盖·吕萨克定律”：“当压强不变时，一定质量气体的体积跟热力学温度成正比。”用数学公式表示则为：$\frac{V_1}{T_1}=\frac{V_2}{V_2}=\cdots\cdots=C$（恒量）。他同时测得气体的膨胀系数为100/26666（现公认为1/273.15）。

1805年，盖·吕萨克在研究空气成分时，通过实验证实：水可以用氧气和氢气按体积1∶2的比例制取。1808年，他又通过实验证明，体积的一定比例关系不仅在参加反应的气体中存在，而且在反应物与生成物之间也存在。于是他于1809年12月31日归纳并发表了他发现的气体化合体积定律：“参加同一反应的各种气体，在同温同压下，其体积互成简单的整数比。”这一结论也被人们称之为盖·吕萨克定律。

盖·吕萨克
（1778—1850年）

其实，法国科学家查理早就发现压力与温度的关系，只是当时未发表，也未被人注意。直到盖·吕萨克重新提出后，才受到重视。

查理的重要贡献是通过实验发现了气体压强与温度间的关系成正比。

同样，他通过对大量实验的归纳，总结出：“一定质量的气体，当其体积一定时，它的压强与热力学温度成正比。”即$\frac{P_1}{T_1}=\frac{P_2}{T_2}$，这就是所谓的“查理定律”。查理指出，气体的压强$P$和温度很容易用压强计和温度计测定。若实验

测得 *P* – *T* 图线为过坐标原点的直线，或 *P* – *T* 图线为直线，且与 *T* 轴交于 –273℃处，则定律获得验证。

早年人们对于气体的反应定律都称查理定律，但后来为表彰盖·吕萨克的贡献而称之为“查理 – 盖·吕萨克定律”。

盖斯 G.H
（1802—1850 年）

1840 年俄国化学家盖斯在总结大量实验事实（热化学实验数据）的基础上提出在“定压或定容条件下的任意化学反应，在不做其他功时，不论是一步完成的还是几步完成的，其热效应总是相同的（反应热的总值相等）。”这就是著名的“盖斯定律”。盖斯定律告诉我们：化学反应的反应热只与反应体系的始态和终态有关，而与反应的途径无关。利用这一定律可以从已经精确测定的反应热效应来计算难于测量或不能测量的反应的热效应。尽管盖斯定律出现在热力学第一定律提出前，但其实亦可通过热力学第一定律推导出。

卡尔·肖莱马
（1834—1892 年）

1862—1864 年，德国化学家卡尔·肖莱马对甲烷、乙烷、丙烷、丁烷直到辛烷的烷烃系列进行了深入研究，又通过卤化、水解、氧化、酯化等反应制备出一系列烃的衍生物，如卤化物、饱和一元醇、脂肪酸、醛、酮及酯等，初步形成了系统的有机合成方法序列。肖莱马通过这些实验研究，极大地丰富了对脂肪烃的认识，他发现：所有的烷烃分子均随碳原子数的增加沸点逐步升高，而直链烷烃与具有同样碳原子数的支链烷烃相比，具有更高的沸点；但醇、醛、羧酸、酯等这类烃的衍生物，却没有这样的规律。进一步研究他又发现，虽然烃的衍生物之间没有这种沸点逐步升高的规律，但同类烃的衍生物中各同系物之间，如饱和的一元醇之间，饱和的一元脂肪酸之间，均明显地存在着这样的规律。肖莱马就是通过对这一系列材料的对比分析，终于归纳总结出一条关于烷烃沸点递变的重要定律，恩格斯把它称之为“C_nH_{2n+2}系列碳氢化合物的沸点定律”。这一定律清楚地说明有机物性质与其组成结构之间存在内在的联系，即有机物的性质不仅受其结构的制约，而且也受化学组成的制约。

应用归纳思维总结和发现自然事物的客观规律，在科学研究领域比比皆是。英国科学家波义耳是化学科学的奠基人，他从自己所掌握的众多气体实验事实中,概括出“在一定条件下，气体体积和它所受到的压强成反比”的定律，这一定律被后人称之为“波义耳定律”。波义耳从自己的科学实验中总结出气体压强的定律，使用的思维方法正是简单枚举归纳思维法。

科学发展史表明，自然科学中的质量守恒定律、阿伏伽德罗定律、当量定律、定比定律、倍比定律和拉乌尔定律等经验性规律及其经验公式，都是运用归纳思维方法得出的结论。因此有人说，归纳思维法是一种扩展科学知识和发现科学真理的方法。

玩具猫身上的奥秘

美国有一位工程师和一位逻辑学家是无话不谈的好友。一次，两人相约赴埃及参观著名的金字塔。到埃及后，有一天，逻辑学家住进宾馆，仍然照常写自己的旅行日记，而工程师则独自徜徉在街头，忽然耳边传来一位老妇人的叫卖声：“卖猫啦，卖猫啦！”

工程师一看，在老妇人身旁放着一只黑色的玩具猫，标价500 美元。这位妇人解释说，这只玩具猫是祖传宝物，因孙子病重，不得已才出售，以换取治疗费。工程师用手一举猫，发现猫身很重，看起来似乎是用黑铁铸就的。不过，那一对猫眼则是珍珠镶嵌的。

于是，工程师就对那位老妇人说：“我给你 300 美元，只买下两只猫眼吧。”

由珍珠猫眼推测纯金做的猫身

老妇人一算，觉得也行，就同意了。工程师高高兴兴地回到了宾馆，对逻辑学家说："我只花了 300 美元竟然买下两颗硕大的珍珠。"

逻辑学家一看这两颗大珍珠，少说也值上千美元，忙问朋友是怎么一回事。当工程师讲明缘由，逻辑学家追问："那位妇人是否还在原处？"

工程师回答说："她还坐在那里，想卖掉那只没有眼珠的黑铁猫。"

逻辑学家听后，忙跑到街上，给了老妇人 200 美元，把黑铁猫买了回来。

工程师见后，嘲笑道："你呀，花 200 美元买个没眼珠的黑铁猫。"

逻辑学家却不声不响地坐下来摆弄那只铁猫，然后掏出小刀，用刀口刮铁猫的脚。当猫脚的黑漆脱落后，露出的是黄灿灿的一道金色印迹。他高兴地大叫起来："正如我所想，这猫是纯金子铸造的！"

工程师听后大惊失色"是真的吗？！"

原来，当年铸造这只金猫的主人，怕金身暴露，便将猫身用黑漆漆过，俨然一只铁猫。对此，工程师十分后悔。此时，逻辑学家转过来嘲笑他说："你虽然知识很渊博，可就是缺乏一种思维的艺术，分析和判断事情不全面、不深入。你应该好好想一想，既然猫的眼珠都是用超大珍珠做成的，那猫的全身会是不值钱的黑铁所铸的吗？"

猫的眼珠是贵重的珍珠做成的，那么猫身就很有可能是更贵重的材料制成的。这就是一种由个别到一般的归纳思维方法。故事中的逻辑学家巧妙地抓住了猫眼与猫身之间存在的内在逻辑性，得到了比工程师更高的收益。

我们知道，事物之间都是有联系的，而寻求这种内在的联系，以达到透过现象看本质的目的，便需要缜密的逻辑思维来帮助。

有时，事物的真相像隐匿于汪洋之下的冰山，我们看到的只是冰山的一角。只有善于思维的人才能做到察于“秋毫之末”，抓住线索“顺藤摸瓜”探寻到事物的真相。

化学学习中的归纳思维

在中学化学学习中，归纳思维是一种重要的教学思维方法，也是一种学习思维方法。

譬如关于酸的学习，教材首先就是从常见的盐酸、硫酸、

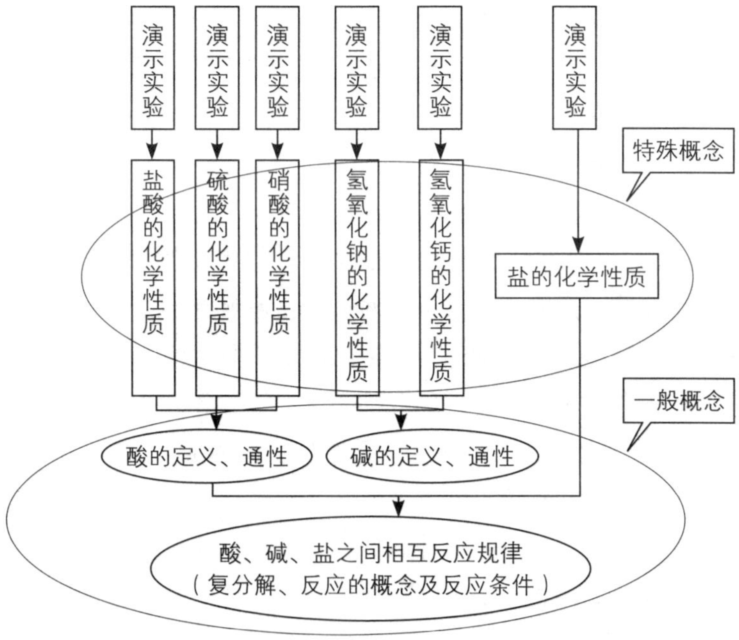

酸、碱、盐归纳法的学习模式

硝酸等性质的认识开始的。认识了各种酸的性质，再从中总结出酸的通性。由酸的通性，追索其缘由，归纳得出酸的概念（定义），即酸是在电离时生成的阳离子全部是氢离子的化合物（酸的电离理论）。

在有机羧酸的学习中，教师往往先讲乙酸的化学性质，再讲甲酸的化学性质，随后对乙酸和甲酸的化学性质及结构进行比较，分析它们具有共同的化学性质的原因是含有羧基，再进一步对羧基的结构分析，揭示羧基的特性为酸性、能发生酯化反应等等，在此基础上概括出有机酸类的共同化学性质。这种教学方法所运用的同样是归纳思维的方法。

在氧化还原的学习中，先从“得氧”和“失氧”了解氧化还原反应，再从氧化还原反应中化合价的变化分析其特征，再追根溯源得知化合价的变化实质是反应中电子的得失，最后归纳得出有电子得失的反应是氧化还原反应。

元素及其化合物知识在中学化学内容中所占的比重最大，同时也是学习其他内容的基础，如基本概念、基本理论、化学实验、化学计算等都是建立在元素及合物的基础之上的。表面上看，元素化合物知识内容多而繁琐，记忆和掌握较为困难，但如果对有关元素知识进行系统归纳和整理，记忆起来就容易得多了。

譬如我们常常将无机物相互转化归纳成图 3–14 的网络，利用此酸、碱、盐、氧化物转化关系图，就能简捷直观地反映各物质间的变化规律，使学生从整体上把握关系图所涉及的各步反应，从而形成既系统集中又具体分散的知识网络。

不仅元素化合物知识的学习运用到归纳思维的方法，其他化学知识的学习，甚至是学习问题和学习方法的总结，同样也大量运用到归纳思维的方法。

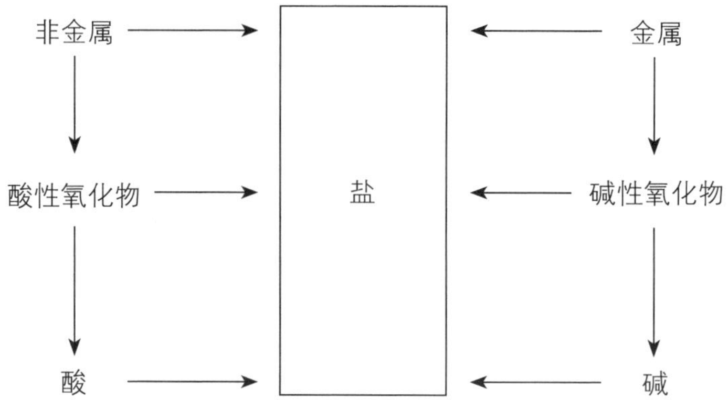

酸、碱、盐、氧化物关系图

譬如许多物质的性质、组成、反应现象都具有相似之处，将其进行归纳，可强化学生对这些知识的记忆和理解；对易混淆的化学知识进行对比，归纳出它们的不同之处，可以防止知识间特别是概念间的混淆；化学中的很多物质除了具有一般的性质外，还有自己的特性，对它们进行归纳，也有助于知识的掌握；对一些重要的概念、原理或实验，若用简明扼要的字、词、数或韵语加以概括，可以减轻学生的记忆负担；对一些相关知识归纳在一起，可以加强知识间的相互联系，使零散的知识系统化。对学生练习或考试中出现的失误进行归纳，并进行分析，可以让学生“吃一堑，长一智”，从矫正错误中进行学习；此外，还可以归纳解题思维的方法，平时学习中，指导学生将解题技巧和方法提炼出来，加以归纳和总结，在此基础上组织分类题型的训练，可以有针对性地提高学生的解题思维能力。

也就是说，通过运用归纳思维的方法，可以使零散的、复杂的教学内容简单化和条理化，使不同化学知识间的联系系统化，因而它有助于学习者认识的深化，帮助其建立有序的新课程知识结构。并且它还可以归纳学习中的问题，总结解题的思维方法，进而提高学习活动的效率。因此，无论是教师还是学生，都必须学会和运用归纳思维的基本方法。

4 演绎思维法

在人类的认识活动中，人们总是首先认识许多不同的事物的特性，在此基础上寻找出事物的共同特性，形成对一般性原理的认识。然后又以一般性原理为指导，去认识更多的个别的事物，从而不断加深对事物本质的认识。如此往复推进，使人类的认识由简单到复杂，由低级向高级的运动。而从方法论的角度看，这就是一个归纳与演绎的过程。

从一般到个别的推理

概念

“演绎”一词来自于拉丁文“deduction”，即“引申”的意思。所以演绎思维就是将一般原理、原则推及到个别具体事例的思维方法，或者说是从规律到现象的推理，在逻辑学上又叫演绎推理。也有人把演绎法称作是认识“隐性知识”的方法。

分类

演绎推理常被简称为推理，它是思维活动最基本的形式，通常将其分为直言推理、假言推理和选言推理三种类型。

（1）直言推理：又称三段论推理，它由两个前提和一个结论组成，大前提是一般原理，即抽象得出一般性、统一性的规律；小前提是指个别对象，这是从一般到个别的推理；从这个推理，然后得出结论。基本过程就是“大前提→小前提→结论”，即从普通回到特殊再回到个别。例如：所有的金属都能导电（大前提），因为铜是金属（小前提），所以铜能导电（结论）。

（2）假言推理：假言推理是以假言判断为前提的推理。假言推理分为充分条件假言推理和必要条件假言推理两种。充分条件假言推理的基本原则是：小前提肯定大前提的前件，结论就肯定大前提的后件；小前提否定大前提的后件，结论就否定大前提的前件。必要条件假言推理的基本原则是：小前提肯定大前提的后件，结论就要肯定大前提的前件；小前提否定大前提的前件，结论就要否定大前提的后件。

（3）选言推理：选言推理

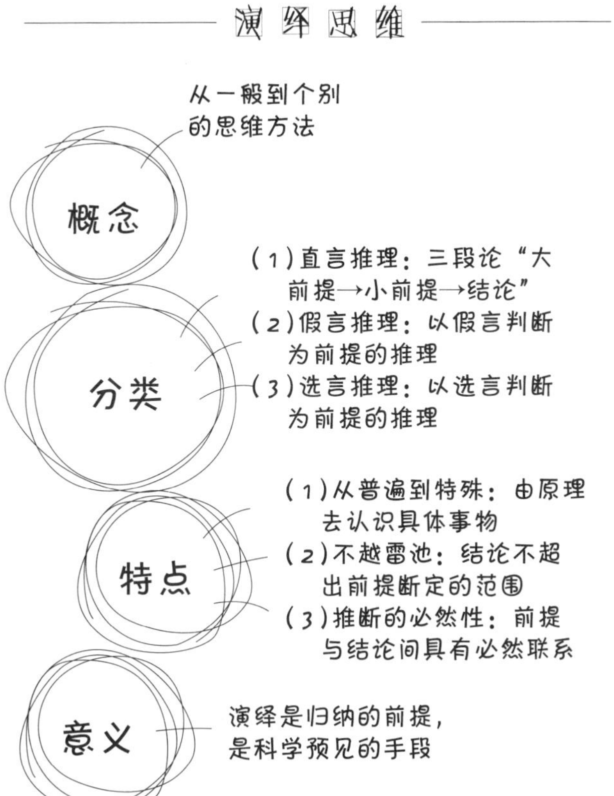

什么是演绎思维

是以选言判断为前提的推理。选言推理分为相容的选言推理和不相容的选言推理两种。相容的选言推理的基本原则是：大前提是一个相容的选言判断，小前提否定了其中一个（或一部分）选言支，结论就要肯定剩下的一个选言支。不相容的选言推理的基本原则是：大前提是个不相容的选言判断，小前提肯定其中的一个选言支，结论则否定其他选言支；小前提否定除其中一个以外的选言支，结论则肯定剩下的那个选言支。

特点

演绎思维具有若干显著特点，它从普遍原理推论到特殊事例，整个推导受前提严格制约，不越雷池，从前提到结论具有必然的联系，能够为理论提供完全支持（证明），并且能够逐层演绎推导，不断深化认识，这里做些具体的说明。

（1）从普遍到特殊：在演绎思维中，作为思维依据的一般性原理或原则起着重要作用，它既为人们的思维推演提供依据，也为人们的行为提供规范。演绎思维中所依据的理论性知识，无论是关于概括经验事实共性的经验定律，还是反映事物

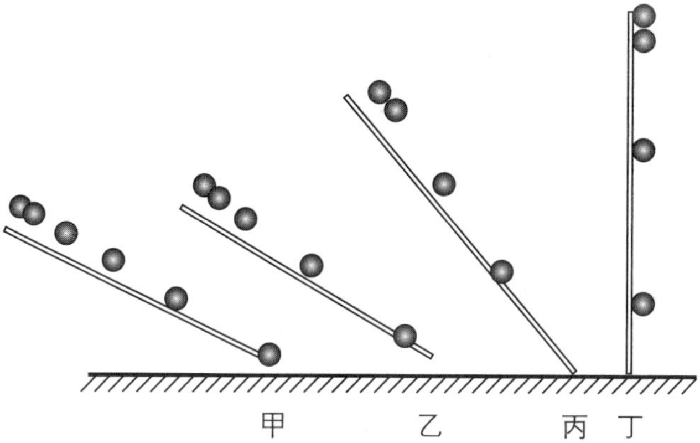

科学实验与演绎思维

间普遍性规律的理论原理，都概括了一类事物的普遍性特征或普遍性规律，它涵盖了该类所有个体的共同性质，因而适用于所有个体事物。正因为理论知识具有这种特征，人们才能从理论知识出发，推断它所涉及的具体事实。科学研究是一种探索自然奥秘或客观事物规律的创造性活动，它常常是依据为数不多的事实信息对未知现象或规律做出猜测性说明，以逐步构建新的理论。科学研究离不开观察、实验，但人们如何观察，怎样实验，在观察、实验中能获得什么，这些都离不开理论的指导。爱因斯坦指出："试图单靠可观察的量来建立理论，那是完全错误的。实际上，恰恰相反，是理论决定我们能够观察到的东西。……只有理论，即只有关于自然规律的知识，才能使我们从感觉印象推论出基本现象。"也就是说，人们只有依靠理论，才可以谈论"所观察到的东西"。

（2）不越雷池：演绎思维因其从一类事物推论到该类的部分对象，结论受到前提的严格限制，结论所断定的范围决不会超出前提所断定的范围。例如："所有行星都是沿椭圆形轨道运转的，天王星是行星，所以，天王星是沿椭圆形轨道运转的。"这里，结论所涉及的内容已被前提所制约、蕴涵。在演绎思维中，假若结论所断定的范围超越了前提的制约，那么结论就不可靠，思维就会出现错误，因为这样违反了逻辑规则，即越过了"雷池"。正因为不越雷池，演绎思维才具有必然性。演绎思维虽然不越雷池，但它仍然是获得新知的思维工具。恩格斯指出："形式逻辑也首先是探寻新结果的方法，由已知推进到未知的方法。"因为，尽管演绎推理的结论没有超出前提的范围，但是演绎推理的结论是隐含于前提中的，它在前提中并不是一种很明显的知识；而演绎思维能够给人们提供正确推理的方法，通过正确的推理，可以导出原来不知道的知识。例如，根据欧几里得几何学，从少数几条公理出发，经过演绎推理的严格推导，就可得到人们原来不知道的许多定理。

（3）推断的必然性：演绎思维前提与结论之间具有必然性联系，从真实的前提必然能推出真实的结论，而不可能前提真而结论假。例如，由“所有行星自身都不发光，而地球是行星”，推导出“地球自身不发光”，这种推导过程是一种演绎思维，它所作的推断具有必然性。在这里，两个前提都是真实的，所得的结论也必然是真实的。当然，前提与结论之间的这种必然性联系，或者说结论具有必然性，是就其逻辑形式而言的，不是指结论内容的真实性。逻辑形式的正确性，只能保证结论的导出具有必然性，但不能保证结论自身的真实性。结论的真实性，既依赖于逻辑形式的正确，又依赖于前提的真实。

意义

演绎思维方法的运用虽然未能直接提供新知识，然而它却可以为获取知开辟道路，促进人对事物认识的理论化和系统化，特别是可以成为科学预见的一种手段。

如前所述，人类的认识过程是一个从个别到一般，又由一般到个别的循环往复的过程，这就是归纳与演绎。二者是两个相反的过程，但又是辩证的统一：归纳是演绎的基础，作为演绎出发点的一般原理往往是从归纳得来的；演绎是归纳的前提，它为归纳提供理论指导和论证。在实际思维中，归纳和演绎都不能单独揭示事物的本质和规律，必须相互推移、交替使用。正如恩格斯指出的：“归纳和演绎，正如分析和综合一样，是必然相互联系着的”。如果将二者割裂，演绎思维就会成为一种脱离实际的空洞的推理形式。

一个死囚的智慧

古希腊时，有一个国王颁布了一项奇特的命令，对于即将处死的犯人，要求每人说一句话，而且要能马上验明是真话还是假话。如果是真话，将被绞死；如果是假话，将被砍头。

国王很为自己的命令得意。有一次 4 个犯人要被处死，他将众大臣召集在一起，要大臣们看看他这个国王是如何智审犯人的。

第一个犯人被押上来时，早想好了要说的话。他恭恭敬敬地说："我热爱国王。"他以为说了这句话，国王也许一高兴会免了他的死刑。没想到国王接口说："胡说八道，你热爱我就不该犯罪了。假话，拉下去砍头。"

第二个犯人被押上来后，诚惶诚恐地说道："我有罪，我该死。""说得对！"国王裁决道："你说的是真话，处以绞刑。"

第三个犯人被押上来后，想难为一下国王，心想：你判断不出我的话是真是假，不就没法处置我了吗？于是他说道："太阳离我们有七十万千米零九米远。"这话还真让国王一时不知如何裁决。最后，国王生气地说："这话不能马上验明是真是假，算是假话，拉下去砍头。"

第四位轮到了一个叫赛弗的人，看到前面 3 个人所遭遇的命运，他不想重蹈覆辙，就努力寻找国王的话中到底有何漏洞，终于找到了。于是他从从容容地站在国王面前。

"现在该你了。"国王说道："说一句话，选择你怎么死吧。"

"我将被砍头。"

赛弗的回答一下子将国王难住了。这是怎么回事呢？因为，如果赛弗说的"我将被砍头"是真话，国王就应该判他绞死；既然他被处以绞刑，那"我将被砍头"就成了假话；既然"我将被砍头"是假话，那么赛弗应被砍头，可他被砍头又证明他说的是真话；既然他说的是真话……就这样，国王思维发生了混乱，在真话假话当中绕圈子，绕来绕去竟然走不出来了。

此时国王明白赛弗的回答很聪明，使他对赛弗既不能砍头也不能处以绞刑，如果硬要把赛弗处死，只能表明国王说话不算数，这样就会在众大臣面前失去信誉。国王当然不愿这样做，于是，国王顺水推舟，夸奖赛弗聪明之后便把他放了。过后不久这项奇特的命令也随之被宣布废止。

在这一故事中，赛弗的创意回答，正是运用了演绎推理的思维方法，他去掉了那种“非此即彼”的虚假认定，巧妙地找到了国王所定法则的逻辑漏洞，这才死里逃生。

神奇的演绎推理

福尔摩斯以擅长逻辑推理而著名。在英国与阿富汗发生战争期间，福尔摩斯第一次遇到了华生医生，当时他开口便说：“我看得出来，你刚从阿富汗回来。”

华生感到非常惊讶，但当时急着外出，没来得及细问。后来，当他想起此事的时候，对福尔摩斯说道：“我想一定是有人告诉过您。”

“没有那回事。”福尔摩斯解释道，“我当时一看就知道你是从阿富汗来的。”

“何以见得？”华生问道。

“我是这样想的：你具有医务工作者的风度，但却是一副军人的气概。那么，显而易见你是个军医。”

“你脸色黝黑，但是从你手腕黑白分明的皮肤来看，这并不是你原来的肤色，那么你一定刚从高紫外线照射的地方回来。”

“你面容憔悴，这就清楚地说明你是久病初愈而又历尽艰苦的人。”

“你左臂受过伤，现在看起来动作还有些缓慢不便……”

“试问，一个英国的军医，在高紫外线照射的地方历尽艰苦,并且臂部受过伤,这能在什么地方呢？自然只有在阿富汗。”

“所以我当时脱口说出你是从阿富汗来的，你当时还感到惊奇哩！”

这就是福尔摩斯卓绝的逻辑推理能力，从华生医生外在所显露的种种蛛丝马迹,顺藤摸瓜地推论出看似不可思议的答案。

生活中很多事情的解析其实都有赖于一种演绎推理。正确的逻辑思考，可以帮助人们解决很多问题。下面故事中的石狮子，就是通过这样的思考才被人们从河水中打捞上来的。

从前，在河北沧州城南，有一座靠近河岸的寺庙。有一年运河发大水，寺庙的山门经不住洪水的冲刷而倒塌，一对大石狮子也跟着滚到河里去了。

过了十几年,寺庙的和尚想重修山门,他们召集了许多人，要把那一对石狮子打捞上来。

可是，河水终年奔流不息，隔了这么长时间，到哪里去找呢？

一开始，人们在山门附近的河水里打捞，没有找到。于是大家推测，准是让河水冲到下游去了。于是，众人驾着小船往下游打捞，寻了十几里路，仍没有找到石狮子的踪影。

寺庙中的教书先生听说了此事后，对打捞的人说：“你们真是不明事理,石狮子又不是碎片儿木头,怎会被冲到下游去？石狮子坚固沉重，陷入泥沙中只会越沉越深，你们到下游去岂不是白费工夫？”

众人听了，都觉有道理，准备动手在山门倒塌的地方往下挖掘。

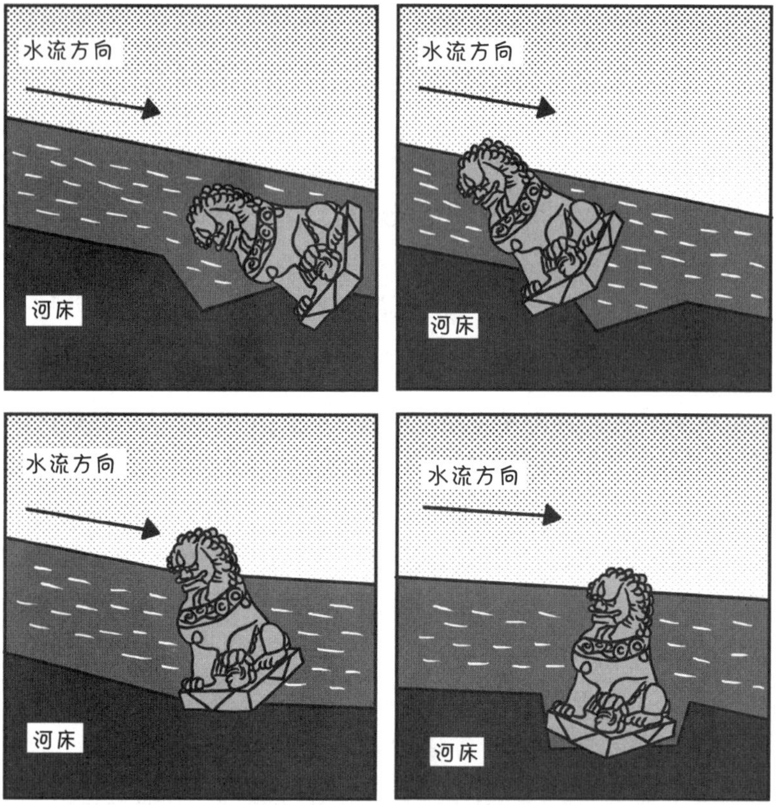

石狮子沿河床滚到了上游

谁知这时人群中闪出一个老河兵（古代专门从事河工的士兵），说道："在原地方是挖不到的，应该到上游去找！"

众人一听都觉得不可思议，石狮子怎么会往上游跑呢？

老河兵解释道："石狮子结实沉重，水冲它不走，但上游来的水不断冲击，反会把它靠上游一边的泥沙冲出一个坑来。时间久了，坑越冲越大，石狮子就会倒转翻到坑里。如此再冲再翻滚，石狮子就会像'翻跟头'一样慢慢往上游滚去。往下游去找固然不对，往河底深处去挖岂不更错？"

根据老河兵的话，寺僧果然往上游找到了石狮子。

在众人都根据自己的感性认识而做出各种揣测时，老河兵凭着其对水流习性的熟识，借着事物运行发展的科学逻辑，推导出了正确的结论。如果仅仅具有感性认识，人们对事物的认识只可能停留在片面的表象层面上，根本无法全面把握事物的本质，做出正确的判断。

伽利略的自由落体实验

关于落体运动，古希腊哲学家亚里士多德仅仅凭借直觉和观感，曾经作出过这样的结论：重的物体下落速度比轻的物体下落速度快，落体速度与重量成正比。亚里士多德的论断影响深远，在其后近两千年的时间里，人们一直信奉他的学说。

根据亚里士多德的观点，伽利略曾在《两种新科学的对话》一书中指出的：如果按照亚里士多德的论断，一块大石头的下落速度要比一块小石头下落快。假定大石头的下落速度为 8，小石头的下落速度为 4，当我们把两块石头拴在一起时，下落快的会被下落慢的拖着而减慢，下落慢的会被下落快的拖着而加快，结果整个系统的下落速度应该小于 8。但是两块石头拴在一起，加起来比原来的大石头还要重，这样重物体比原来的大石头的下落速度反而变小，即从重物体比轻物体下落得快的假设，推出了重物体比轻物体下落得慢的结论。

我们可以用以下代数式来表述伽利略的推理，这样可能更好理解一些：假设物体 *A* 比 *B* 重得多，如果亚里士多德的论断是正确的话，*A* 就应该比 *B* 先落地。现在把 *A* 与 *B* 捆在一起成为物体 *A*+*B*。一方面因 *A*+*B* 比 *A* 重，它应比 *A* 先落地；另一方面，由于 *A* 比 *B* 落得快，*B* 会拖 *A* 的“后腿”，因而大大减慢 *A* 的下落速度，所以 *A*+*B* 又应比 *A* 后落地。这样便得

伽利略·伽利雷
（1564—1642 年）

到了互相矛盾的结论：$A+B$ 既应比 A 先落地，又应比 A 后落地！

于是，伽利略大胆提出了质疑：重物体不会比轻物体下落得快。

为此，伽利略提出了假说，他认为自由落体是一种最简单的变速运动。他设想，最简单的变速运动的速度应该是均匀变化的。但是，速度的变化怎样才算均匀呢？他考虑了两种可能：一种是速度的变化对时间来说是均匀的，即经过相等的时间，速度的变化相等；另一种是速度的变化对位移来说是均匀的，即经过相等的位移，速度的变化相等。伽利略假设第一种方式最简单，并把这种运动叫做匀变速运动。

在伽利略的时代，技术不够发达，通过直接测定瞬时速度来验证一个物体是否做匀变速运动，是不可能的，但是，伽利略应用数学推理得出结论：做初速度为零的匀变速运动的物体通过的位移与所用时间的平方成正比，即 $s=\frac{1}{2}at^2$。这样，只要测出做变速运动的物体通过不同位移所用的时间，就可以验证这个物体是否在做匀变速运动。

自由落体下落的时间太短，当时用实验直接验证自由落体是匀加速运动仍有困难，伽利略采用了间接验证的方法，他让一个铜球从阻力很小的斜面上滚下，做了上百次的实验，小球在斜面上运动的加速度要比它竖直下落时的加速度小得多，所以时间容易测量些。实验结

伽利略的斜塔实验

果表明，光滑斜面的倾角保持不变，从不同位置让小球滚下，小球通过的位移跟所用时间的平方之比是不变的，即位移与时间的平方呈正比。由此证明了小球沿光滑斜面向下的运动是匀变速直线运动。换用不同质量的小球重复上述实验，位移跟所用时间的平方的比值仍不变，这说明不同质量的小球沿同一倾角的斜面所做的匀变速直线运动的情况是相同的。

不断增加大斜面的倾角，重复上述实验，得出的值随斜面倾角的增加而增大，这说明小球做匀变速运动的加速度随斜面倾角的增大而变大。

伽利略将上述结果做了合理的外推，把结论外推到斜面倾角增大到 90° 的情况，这时小球将自由下落，成为自由落体运动。伽利略认为，这时小球仍然会保持匀变速运动的性质。这种从斜面运动到落体运动的外推，是很巧妙的。不过，用外推法得出的结论，并不一定都是正确的。现代物理研究中也常用外推法，但用这种方法得到的结论都要经过实验的验证才能得到承认。

1590 年，伽利略在比萨斜塔上做了“两个铁球同时落地”的实验，得出了重量不同的两个铁球同时下落的结论，从此推翻了亚里士多德“物体下落速度和重量成正比”的学说，纠正了这个持续了 1900 多年之久的错误结论。

伽利略对自由落体的研究，开创了研究自然规律的科学方法，这就是演绎思维、数学推导和科学实验相结合的方法，这种方法对于后来的科学研究具有重大的启蒙作用，至今仍不失为重要的科学方法之一。该实验后来被人被评为“最经典的实验”之一。

门捷列夫预言新元素

门捷列夫在发表他的第一张元素周期表时，曾大胆地留下了多个空位，并根据这些空位预言了十几种尚未发现的化学元素。尤其是对于元素镓（Ga）、钪（Sc）和锗（Ge）三种元素的预言，准确得令人惊奇。

第一个被人们发现的预言元素是镓。1875 年 8 月，法国化学家布瓦博德朗用光谱法分析了闪锌矿，他看到了两条过去未曾见到过的新谱线。到 1875 年 11 月 6 日，布瓦博德朗通过这种闪锌矿在实验室制得了 3.4 毫克的金属镓。

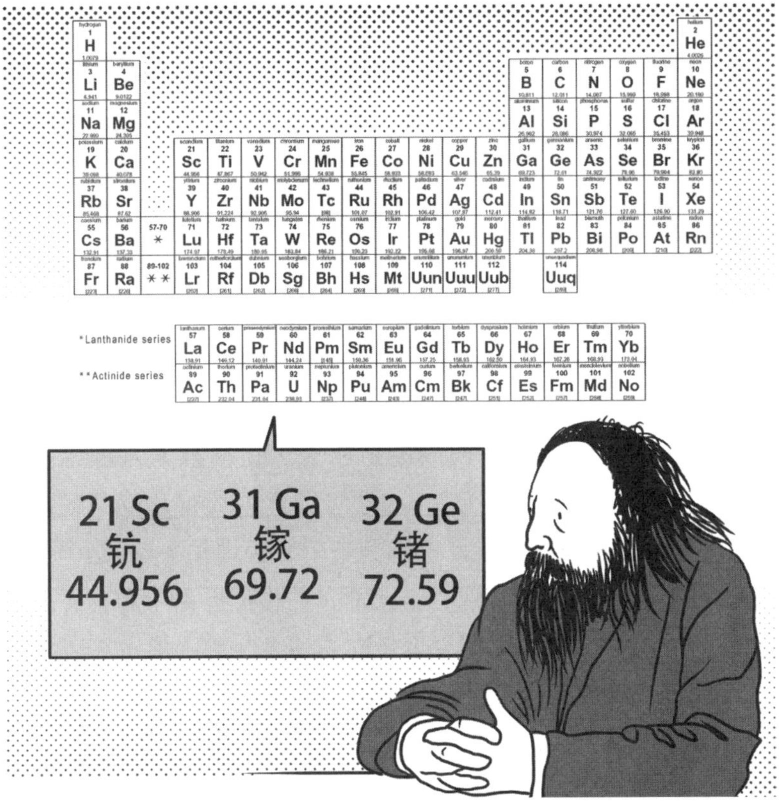

门捷列夫预言新元素

此时布瓦博德朗并不知道门捷列夫曾预言过镓，次年他在法国科学院《科学报告集》上公布了自己的新发现，并给出了这种新元素的性质。可是不久,他收到了一封来自彼得堡的信，署名就是门捷列夫。门捷列夫在信中以非常肯定的语气指出：尊敬的布瓦博德朗先生，您关于新元素镓的性质测定可能不准确，尤其是比重（密度），不应该是 4.7，而应在 5.9 到 6.0 之间……当时布瓦博德朗感到十分诧异：自己是世界上独一无二掌握这种新元素单质的人，远在数千里之外的门捷列夫怎么可能知道新元素的比重呢？但他还是将信将疑地重做了镓的密度实验，结果确定是 5.94，的确不是 4.7——与门捷列夫的预言几乎完全一致。不仅仅是密度，镓的其他物理化学性质也与门捷列夫的预言非常接近。

这件事在当时的化学界引起了轰动，人们大为叹服门捷列夫的远见卓识。其实，门捷列夫就是根据自己归纳的元素周期律理论和排列的周期表，进行了一次逻辑的演绎推理。因为根据他的元素周期律理论，同周期和同主族元素的相对原子质量和密度等性质都存在一种有规律的递变，而门捷列夫在排列元素周期表时，发表在第四周期钙和锗之间及第 Ⅲ A 族铝和铟之间均出现规律的“破坏”，出现了元素性质变化的“跳跃”（或者说是“空缺”），因此门捷列夫就大胆地预言，在这个“空缺”位置有一个尚未发现的新元素，并根据元素单质密度递变的规律，以同主族和同周期上下左右四个相邻元素的密度作为参照，准确地预言了新元素的密度及其他理化性质。

1879 年，也就是在镓元素发现四年之后，门捷列夫预言的另一个新元素——类硼（Sc）也被发现了，类硼就是钪，这一元素的发现者是瑞典化学家尼尔森。同样，尼尔森测得的钪的物理化学性质，和八年前门捷列夫预言的类硼性质十分吻合。

门捷列夫预言的第三个元素类硅（Ge），是 1886 年德国化学家文克勒发现的，为了纪念自己的祖国，他把这一元素命名为锗。文克勒测定的锗的各种性质，和门捷列夫预言的绝大部分都十分吻合，只有一点与门捷列夫预言的有出入：门捷列夫预言锗是难以液化的，但实际上锗是比较容易液化的。但总的来说，门捷列夫在 15 年前预言的镓、钪和锗的各种性质，都精确地与实际相符合。

锗的发现再一次证明了化学元素周期律的正确性，此后元素周期律的理论获得了普遍的承认。应该说，门捷列夫元素周期律的发现，不仅具有重大的科学意义，同时也具有哲学意义，其中最重要的一点，就是证明了演绎推理的强大逻辑力量，充分显示了演绎思维在科学发现中的重要作用。

维纳趣答年龄

维纳的全名是诺伯特•维纳，是美国著名数学家，控制论的创始人。维纳 1894 年 11 月 26 日生于密苏里州的哥伦比亚，1964 年 3 月 18 日卒于斯德哥尔摩。维纳在其 70 年的科学生涯中，先后涉足哲学、数学、物理学和工程学，最后转向生物学，在各个领域中都取得了丰硕成果。他一生发表论文 240 多篇，著作 14 本。他的主要著作有《控制论》《维纳选集》和《维纳数学论文集》。维纳还有两本自传《昔日神童》和《我是一个数学家》。

维纳对科学发展所作出的最大贡献，是创立控制论。这是一门以数学为纽带，把研究自动调节、通信工程、计算机和计算技术以及生物科学中的神经生理学和病理学等学科共同关心的共性问题联系起来而形成的边缘学科。

诺伯特 · 维纳
（1894—1964 年）

维纳从小就智力超常，三岁时就能读写，十四岁时就大学毕业了。几年后，他又通过了博士论文答辩，成为美国哈佛大学的科学博士。在博士学位的授予仪式上，执行主席看到一脸稚气的维纳，颇为惊讶，于是就当面询问他的年龄。

维纳不愧为数学神童，他的回答十分巧妙："我今年岁数的立方是个四位数，岁数的四次方是个六位数，这两个数，刚好把十个数字 0、1、2、3、4、5、6、7、8、9 全都用上了，不重不漏。这意味着全体数字都向我俯首称臣，预祝我将来在数学领域里一定能干出一番惊天动地的大事业。"

维纳此言一出，四座皆惊，大家都被他的特有的气质给震撼了，特别是被他妙答年龄的各种数字给吸引。整个会场上的人，都在议论他的年龄问题。

其实这个问题不难解答，但是必须要一点数字的"灵感"，并找到正确的破题思路。

我们不妨从数学的角度来推推看：21 的立方是四位数，而 22 的立方已经是五位数了，所以维纳的年龄最多是 21 岁；同样道理，18 的四次方是六位数，而 17 的四次方则是五位数了，所以维纳的年龄至少是 18 岁。这样，维纳的年龄只可能是 18、19、20、21 这四个数中的一个。

剩下的工作就是一一筛选了：20 的立方是 8 000，有 3 个重复数字 0，不合题意；同理，19 的四次方等于 130 321，21 的四次方等于 194 481，都不合题意。最后只剩下一个 18。18 究竟是不是正确答案呢？可以验算一下，18 的立方等于 5 832，四次方等于 104 976，恰好不重不漏地用完了十个阿拉伯数字，多么完美的组合！

这个年仅 18 岁的少年博士，后来果然成就了一番伟大的事业。

本来这里是讲维纳趣答年龄的问题，并运用演绎思维的方法推理这位年轻博士的真实年龄。但为了让读者能对这位数学怪才多一点了解，这里我们也顺带讲几个维纳的趣事。

一次维纳家喜迁新居，妻子因熟知维纳性格，搬家前一天晚上再三提醒他记住新家。她还找了一张便条，上面写着新居的地址，并用新居的房门钥匙换下旧房的钥匙交给他。第二天维纳便按妻子的嘱咐带上纸条和新钥匙上班去了。恰巧白天有一人问他一个数学问题，维纳把答案写在那张纸条的背面随手递给了人家。到了晚上，维纳习惯性地回到旧居。他很吃惊，家里没人！从窗子望进去，家具也不见了。掏出钥匙开门，发现根本对不上齿。于是使劲拍了几下门，随后就在院子里踱步。这时，突然发现街上跑过来一小女孩。由于天黑，看不清面容，于是维纳对她说：“小姑娘，我真不走运，我找不着家了，我的钥匙插不进去，请帮我找个锁匠吧！”小女孩说道：“爸爸，没错。妈妈让我来找你又找对了！”

还有一次，维纳的一个学生看见维纳正在邮局寄东西，很

忘情讲课的维纳教授

想上前打个招呼。因为在麻省理工学院真正能与维纳直接说话、握手，还是十分难得的。但这位学生不知道怎样接近他为好。这时，只见维纳来来回回踱着步，陷于沉思之中。这位学生更担心了，生怕打断了先生的思维，而损失了某个深邃的数学思想。但最终还是鼓足勇气，靠近这位伟人："早上好，维纳教授！"维纳猛地一抬头，拍了一下前额，说道："对，维纳！"原来维纳正欲往邮件签上寄件人姓名，但一时竟忘记了自己的名字……

维纳在麻省理工学院做教授期间，常常忘了按时上课。他的学生们一见时间到却不见维纳教授的到来，就直接去"维纳路线"上的各间办公室中寻找，把忘我工作的维纳拖出来上课。

有一次维纳在讲解一个定理时，想到了一个很直觉的证明方法，于是他只在自己的大脑中推演，一下跳过了很多步骤，仅写出一个简单的结果。这当然是为他的学生们所无法承受的，于是有人请求他是否能够用另一种方法再证一遍，他说"当然可以"，马上又在脑中推演，又忘了在黑板上书写，经过几分钟的静默之后，只见他在原来的结果处打了一个查对无误的记号，就下课走了。

从这几个小故事中，我们可以看到，这位大师对数学的研究是多么的投入，真实大智若愚啊！也正因为如此，他能取得如此辉煌的成就。

由果推因的回溯推理

回溯推理法，顾名思义，就是从事物的"果"推导事物的"因"的一种方法。这种方法最主要的特征就是因果性，在通常情况下，由事物变化的原因可知其结果；在相反的情况下，知道了事物变化的结果，又可以推断导致结果的原因。因此事物的因果是相互依存的。

在英国曾经发生过这样一个案例：

英国布雷德福刑事调查科接到一位医生打来的电话说，在11点半左右，有一名叫伊丽莎白·巴劳的妇女在澡盆里因虚脱而死去了。

当警察来到现场时，洗澡水已经放掉了，伊丽莎白·巴劳在空澡盆里向内侧躺着，各处都没有受过暴力袭击的迹象。警察发现，死者瞳孔扩散得很大。据她丈夫说，当他妻子在浴室洗澡时，他睡过去了，当他醒来来到浴室，便发现他的妻子已倒在浴盆里不省人事。此外，警察还在厨房的角落里找到了两支皮下注射器，其中一支还留有药液。据他所称：这是他为自己注射药物所用的。

在警察发现的细微环节和死者丈夫的口述中，警察通过回溯推理法很快找到了疑点和线索：死者的瞳孔异常扩大，既然死者瞳孔扩大，很可能是因为被注射了某种麻醉品；死者是因低血糖虚脱而死亡，则很可能是被注射过量胰岛素。

经过法医的检验，身体中确实发现细小的针眼及被注射的残留胰岛素，因此可以断定死者死前被注射过量胰岛素。

经过对死者丈夫的检验得知，他并没有发生感染及病变，即没有注射药剂的必要。因此，妻子的死亡很可能是被其丈夫注射过量胰岛素所致。

因此警察便将伊丽莎白·巴劳的死因和她丈夫联系在一起，通过取得其他系列证据，在确凿的事实面前，这个丈夫不得不承认自己就是杀害妻子的凶手。

回溯推理法在地质考察与考古发掘方面占有重要的地位。例如，根据对陨石的测定，用回溯推理的方法推知银河系的年龄大概为140亿～170多亿年；又根据对地球上最古老岩石的测定，推知地球大概有46亿年的历史了。

在科学领域，这一方法也常被用做新事物的发明和发现。

自20世纪80年代中期以来，科学家们发现臭氧层在地球范围内有所减少，并在南极上空出现了大量的臭氧层空洞。此时，人们才开始领悟到人类的生存正遭受到来自太阳紫外线辐射的威胁。大气平流层中臭氧的减少，这是科学观察的结果。那么引起这种结果的原因是什么呢？于是科学家们运用了回溯推理的思维方法，开展了由“果”索“因”的推理分析，最后发现主要的影响因素是常用的冷冻剂氟氯烃。

其实，早在1974年化学家罗兰就认为氟氯烃将不会在大气层底层很快分解，而在平流层中氟氯烃分解臭氧分子的速度远远快于臭氧的生成过程，造成了臭氧的损耗。这就是说，氟氯烃是使大气中臭氧减少的罪魁祸首，是出现臭氧空洞的直接原因。

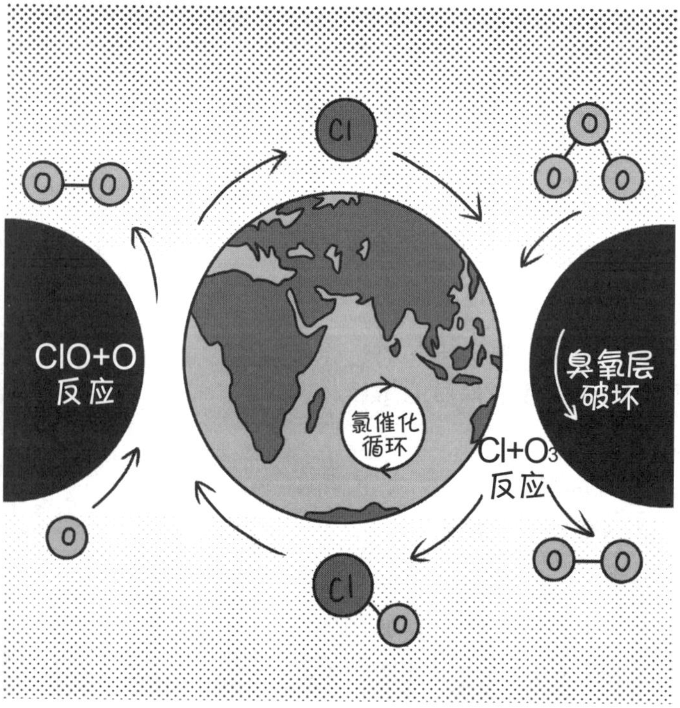

氟氯烃对臭氧层的破坏

由“果”推“因”的回溯推理法在侦查案件上经常被用到。因为勘查现场的情况就是“果”，由此推测出作案的动机和细节，为顺利地侦破案件创造条件。

回溯推理思维方法既然是一种科学的思维方法，那么就可以通过学习来进行培养，就可以通过某些方式来进行自我的训练。例如，多读一些侦探小说、武侠小说，就有利于回溯推理思维能力提高。英国著名作家阿•柯南道尔著的《福尔摩斯探案全集》，就是一部十分精彩的侦探小说，可以说是一部回溯推理的好教材，不妨认真一读。该书的结构严谨，情节跌宕起伏，人物形象鲜明，逻辑性强，故事合情合理。阅读以后，人们不禁要问：福尔摩斯是如何能够出奇制胜的呢？原因就在于他掌握了回溯推理这个行之有效的思维方法。其他的影视作品还包括《名侦探柯南》《金田一》等，在休闲之余，这些作品都能帮助我们进行回溯思维能力的训练。

“共同知识”建立与推理

爱因斯坦曾讲过他童年的一段往事：他小时候不爱学习，成天跟着一帮朋友四处游玩，不论他妈妈怎么规劝，他只当耳边风，根本听不进去。这种情况的转变是在爱因斯坦 16 岁那年。

一个秋天的上午，爱因斯坦提着渔竿正要到河边钓鱼，爸爸把他拦住，接着给他讲了一个故事，这个故事改变了爱因斯坦的人生。

父亲对爱因斯坦说：“昨天，我和隔壁的杰克大叔去给一个工厂清扫烟囱，那烟囱又高又大，要上去必须踩着里边的钢筋爬梯。杰克大叔在前面，我在后面，我们抓着扶手一阶一阶爬了上去。下来时也是这样，杰克大叔先下，我跟在后面。钻出烟囱后，我们发现一个奇怪的情况：杰克大叔一身上下都蹭满了黑灰，而我身上竟然干干净净。”

父亲微笑着对儿子说：“当时，我看着杰克大叔的样子，心想自己肯定和他一样脏，于是跑到旁边的河里使劲洗。可是

少年时的爱因斯坦

杰克大叔呢，正好相反，他看见我身上干干净净的，还以为自己也一样呢，于是随便洗了洗手，就上街去了。这下可好，街上的人以为他是一个疯子，望着他哈哈大笑。”

爱因斯坦听完忍不住大笑起来，父亲笑完了，郑重地说：“别人无法做你的镜子，只有自己才能照出自己的真实面目。如果拿别人做镜子，白痴或许会以为自己是天才呢。”

“别拿别人做镜子”，这是爱因斯坦从父亲的话中得到的教诲。从此，他渐渐疏远了那些成天游玩的朋友，将心放到了学习上，并开始学会独立思考和看待问题。

但是，在逻辑思维的世界里，难道真的不能把别人当自己的镜子吗？

在回答这个问题之前，我们先来看下面这个游戏：

假定在一个房间里有三个人，三个人的脸都很脏，但是他们只能看到别人而无法看到自己。这时，有一个美女走进来，委婉地告诉他们说“你们三个人中至少有一个人的脸是脏的。”这句话说完以后，三个人各自看了一眼，没有反应。

美女又问了一句：“你们知道吗？”当他们再彼此打量第二眼的时候，突然意识到自己的脸是脏的，因而三张脸一下子都红了。为什么？

下面是这个游戏中各参与者逻辑思维的活动情况：当只有一张脸是脏的时候，一旦美女宣布至少有一张脏脸，那么脸脏的那个参与人看到两张干净的脸，他马上就会脸红。而且所有的参与人都知道，如果仅有一张脏脸，脸脏的那个人一定会脸红。

在美女第一次宣布时，三个人中没人脸红，那么每个人就知道至少有两张脏脸。如果只有两张脏脸，两个脏脸的人各自看到一张干净的脸，这两个脏脸的人就会脸红。而此时如果没有人脸红，那么所有人都知道三张脸都是脏的，因此在打量第二眼的时候所有人都会脸红。

这就是由逻辑思维衍生出的所谓“共同知识”的作用。对一个事件来说，如果所有当事人对该事件都有了解，并且所有当事人都知道其他当事人也知道这一事件,那么该事件就是“共同知识”。在上面这个游戏中，“三张脸都是脏的”这一事件就是“共同知识”。美女的话所引起的唯一改变，是使一个所有参与人事先都知道的事实成为“共同知识”。

在上面的这个故事里，爱因斯坦的父亲和杰克大叔虽然也是通过对方来判断自己的状态，但却由于演绎思维的基础不成立,即“两个人的状态一样”的前提不成立,结果闹出了笑话。

在生活中，没有一个人可以在行动之前得知对方的计划。在这种情况下，互动推理不是通过观察对方的策略进行的，而是必须通过看穿对手的策略才能展开。

要想做到这一点，单单假设自己处于对手的位置会怎么做还不够。即便你那样做了，你会发现，你的对手也在做同样的事情，即他也在假设自己处于你的位置会怎么做。每一个人不得不同时担任两个角色，一个是自己，一个是对手，从而找出双方的最佳行动方式。

信息甄别中的推理判断

信息的提取和甄别，是当今社会的一个关键的问题。如果在商海中搏击，更要学会信息的收集与甄别，掌握各方面的知识。当面临抉择的最后时刻，与其如赌徒般仅靠瞬息间的意念作出轻率的判断，倒不如及早掌握信息，以资料为依据，发挥正确的推理判断能力。

亚默尔肉类加工公司的老板菲利普·亚默尔每天都有看报纸的习惯，虽然生意繁忙，但他每天早上到了办公室，就会看秘书给他送来的当天的各种报刊。

初春的一个上午，他和往常一样坐在办公室里看报纸，一条不显眼的不过百字的消息起了他的注意：墨西哥疑有瘟疫。

亚默尔的头脑中立刻展开了独特的推理：如果瘟疫出现在墨西哥，就会很快传到加州、得州（即得克萨斯州），而美国肉类的主要供应基地是加州和得州，一旦这里发生瘟疫，全国的肉类供应就会立即紧张起来，肉价肯定也会飞涨。

他马上让人去墨西哥进行实地调查。几天后，调查人员回电报，证实了这一消息的准确性。

亚默尔放下电报，马上着手筹措资金大量收购加州和得州的生猪和肉牛，运到离得州较远的东部饲养。两三个星期后，西部的几个州就出现了瘟疫。联邦政府立即下令严禁从这几个州外运食品。北美市场一下子肉类奇缺、价格暴涨。

亚默尔认为时机已经成熟，马上将囤积在东部的生猪和肉牛高价出售。仅仅 3 个月的时间，他就获得了 900 万美元的利润。

亚墨尔重视信息，而且，善于运用逻辑思维对接收到的信息进行提取和甄别，当看到一则信息后，总会在头晌中进行一番演绎推理，来判断该信息的真伪或根据该信息导出更多的未知信息，从而先人一步，争取主动。

伯纳德·巴鲁克是美国著名的实业家、政治家，在 30 岁出头的时候就成了百万富翁。1916 年，威尔逊总统任命他为“国防委员会”顾问，以及“原材料、矿物和金属管理委员会”主席，以后又担任“军火工业委员会”主席。1946 年，巴鲁克担任了美国驻联合国原子能委员会的代表，并提出过一个著名的“巴鲁克计划”，即建立一个国际权威机构，以控制原子的使用和检查所有的原子能设施。无论生前或死后，巴鲁克都受到全世界的普遍尊重。

在刚刚创业的时候，巴鲁克也是非常艰难的。但就是他所具有的那种对信息的敏感，加之合理的逻辑推理，使他一夜之间发了大财。

1898 年 7 月的一天晚上，28 岁的巴鲁克正和父母一起待在家里。忽然，广播里传来消息，美国海军在圣地亚哥消灭了西班牙舰队。

这一消息对常人来说只不过是一则普通的新闻，但巴鲁克却通过逻辑分析从中看到了商机。

投资“鬼才”
伯纳德·巴鲁克

美国海军消灭了西班牙舰队，这意味着美西战争即将结束，社会形势趋于稳定，那么，在商业领域的反映就是物价上扬。

这天正好是星期天，用不了多久便是星期一了。按照通常的惯例，美国的证券交易所在星期一都是关门的，但伦敦的交易所则照常营业。如果巴鲁克能赶在黎明前到达自己的办公室，那么就能发一笔大财。

那个时代，小汽车还没有问世，火车在夜

间又停止运行，在常人看来，这已经是无计可施了，而巴鲁克却想出了一个绝妙的主意：他赶到火车站，租了一列专车。上天不负有心人，巴鲁克终于在黎明前赶到了自己的办公室，在其他投资者尚未“醒”来之前，他已做成了几笔大交易。

后来的事实完全证实了他的推测：股价飙升带动物价上扬，他做的几笔大交易都成功了！

信息是这个时代的决定性力量，面对纷繁复杂的信息，加以有效的提取和甄别，经过逻辑思维的加工，挖掘出信息背后的信息，这样就能及时地抓住机遇，抓住金钱和财富。

5 分析思维法

在实践中，呈现在人们面前的研究对象往往是一个复杂的整体，而认识整体就必须先认识部分，为了认识部分就必须将它们暂时割裂开来，把被考察的因素从整体中抽取出来单独加以研究，这就是人们认识复杂整体必先经历的一个认识阶段——分析思维。

"层层剥笋"的分析法

概念

分析思维是人在头脑中把事物或现象分解成各个组成部分或个别属性的思维过程，也就是把事物的整体分解为部分或简单要素，把完整的过程分解为组成单元或环节来分别加以研究。分解整体是为了研究的"各个突破"，使人们对整体各个部分获得更充分的认识，并最终获得对整体完整的认识。因此分析的根本目的就在于透过现象把握事物的本质。

例如，为了研究物质的放射性，人们通常用一个外加电场或磁场，把射线中各种成分分开，使带电粒子显示出它特有的性质，这样就能单独加以研究。又如科学家为了研究生物的遗传现象，把动植物有机体组织分解为最小的单元——细胞，以考察细胞在遗传过程中的变化和作用；然后，又把组成细胞的细胞膜、细胞质、细胞核各部分割裂开来，分别地考察它们对遗传现象的影响和作用；通过分析，人们了解到影响遗传过程的主要部分在细胞核方面，因而又把细胞核分解为 DNA（脱氧核糖核酸）和 RNA（核糖核酸），深入考查它们各自的功能，结果发现 DNA 是遗传信息的承担者，是生物遗传的物质基础；那么 DNA 为什么具有这种功能呢？科学家们通过进一步分析研究，得知它是由四种不同的核苷酸（分子层级），通过不同的空间排列形成各种特殊结构所造成的。这样经过一个部分一个部分、一个因素一个因素地分析，最终揭开了遗传现象的原因和本质。

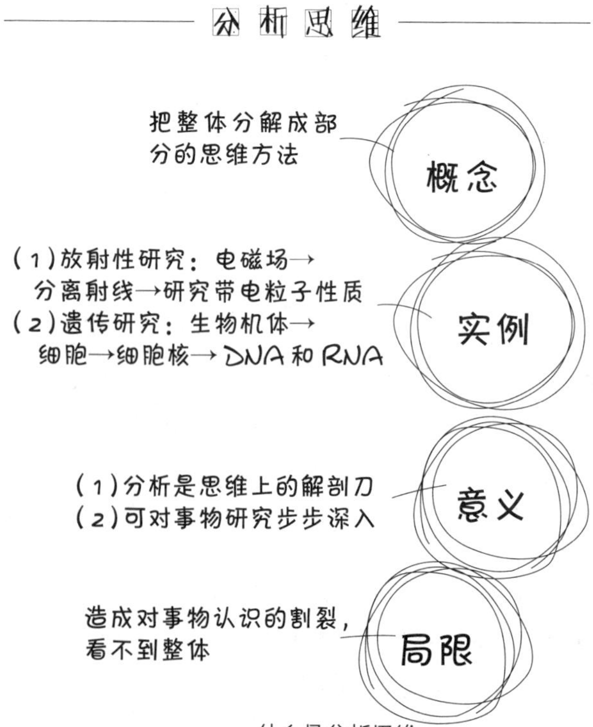

什么是分析思维

由此可见，分析思维是由事物的各种现象和属性入手中，再深入到事物的内部，弄清其内部结构，了解其基本特征，把握其内在联系，从而揭示事物的本质和规律。分析方法并不是简单的罗列或机械的分解，而是辩证的分析，把研究对象放到客观事物的相互联系、相互作用之中，放到事物矛盾运动、变化和发展之中，以发现其内在规律性。从理论上讲，分析的方法是以实验数据和材料为基础，从感性材料的分析上升为理性，并逐步形成系统的理论。

意义

随着现代科学研究的发展，人们发现，分析的过程不仅需要实验作为基础，同时也需要运用理论思维的分析方法来研究、判断和推理。如上述生物学家并没有在实验室中分离出独立的“基因”，只是通过“基因”在实验过程中所表现出来的客观现象，抽象出了“基因”这个概念，再运用逻辑思维和方法，分析了这种看不见的——然而却是决定生物性状的特殊遗传单位。当然，随着实验技术手段的进步，最后人们也许能够观察到自然的微观实体，不过在科学发展的特定阶段，用思维上的解剖刀分析事物，将事物在头脑中进行隔离和切割，这是深层次认识事物本质的一种重要方法。

应该说，分析的方法是近代科学的产物。古代哲学家是宏观和整体地认识自然，因此，对自然细节的认识是肤浅的。近代科学分析方法的出现，推动了人们对自然分门别类的研究，使我们对自然的认识更加精密、更加准确、更加深入，极大地推动了科学的进步。

局限

但是，随着现代科学的发展，分析方法的局限性也开始显现。因为分析的方法容易使人们着眼于局部，把思维限制在一个狭小的领域中，造成对事物认识的割裂，养成一种孤立的、片面的、静止的、形而上学看问题的思维方式，这对现代科

分析思维好比是层层剥洋葱

学的发展是不利的。这种以整体模糊为代价而使局部清晰的思维方法既有历史的功绩，又有历史的局限性。黑格尔就曾用剥洋葱来生动比喻分析方法的不足。他说："用分析方法来研究对象就好像剥洋葱一样，将葱皮一层一层地剥掉，但原来的洋葱已经不存在了。"同样，当化学家对蛋白质进行分析，发现蛋白质是由碳、氢、氧、氮等元素所组成时，蛋白质的整体也就不存在了。所以对事物光进行分析、分解、分离是不够的，还需要从整体上认识蛋白质在生命运动中的本质和作用，以及它是怎样成为生命的物质基础的，这就需要运用综合的方法。只有综合，才能掌握事物内在的相互联系，才能使我们的认识不断深化，才能捕捉到事物的本质和它的变化规律。

因此，我们的认识不能仅停留在事物分析的阶段，或是孤立地来运用它，应该由分析发展到综合阶段，把分析方法与综合方法有机地结合起来。在研究自然事物时，既要从相互区别中考察事物的多样性，分析事物整体各方面的规定性，又要从相互联系中考察事物的统一性，综合各个规定在整体中的有机联系和结构，从而达到多样性的统一。

步步深入，揭示问题核心

第一次世界大战期间，法国和德国交战时，法军的一个司令部在前线构筑了一座极其隐蔽的地下指挥部。指挥部的人员深居简出，十分诡秘。不幸的是，他们只注意了人员的隐蔽，却忽略了长官养的一只波斯猫。

两军对峙期间，德军侦察人员天天用望远镜观察法军阵地上的情况。令他们意外的是，每到上午八九点钟，在法军阵地后方的一个小坟堆上，总会有一只波斯猫在悠然地晒着太阳，而且从来都没有间断过。于是，侦察人员将这一情况报告了指挥官。

指挥官听到报告后，立即要求作战部的所有参谋人员，分析这一反常的情况。经过讨论，参谋人员将情报分析罗列如下：

（1）这只猫不是野猫，野猫白天不出来，更不会在炮火隆隆的阵地上出没；

（2）猫的栖身处是一个小坟堆，因为周围没有人家，也没有其他建筑，因而在小坟堆的地下可能有人居住；

（3）会在阵地前沿地下建筑居住的人员，不会是老百姓，一定是参战的军事人员；

（4）所观察到的这只猫是相当名贵的波斯品种，在打仗时还有兴趣玩这种猫的绝不会是普通军人，而应该是高级的军官；

侦察人员观察到晒太阳的波斯猫

（5）在阵地前沿居住高级别的军官，不会是一个军官家庭，军官不会让自己的家人住在阵地前沿。因此，地下建筑居住的应该是战时指挥官。

据此，他们判定那个小坟堆下的地下建筑一定是法军的战时指挥所。

德军指挥官看到这一情报分析，立即调来整整6个炮兵营，集中全部火力对坟地实施猛烈轰炸。事后证明，他们的判断完全正确，这个法军地下指挥所的人员全部被炮火所歼灭。接着德军发起全面进攻，群龙无首的法国部队溃不成军！

有些时候，某个问题表面上看起来好像很复杂，但只要我们善于分析，“步步深入”揭示问题的核心，解决起来往往并不复杂。

有一个工厂的存煤突然发生自燃，引起了火灾，厂方立即组织技术小组研究解决的方案，通过深入的原因分析，很快就找到了应对煤自燃的科学方案。

技术小组的成员虽然都是厂里的技术骨干，但对于煤化学的知识却并不熟悉，因此，他们首先要解决的问题是：一堆煤自动地燃烧起来究竟是怎么回事？

他们通过查找资料，得知煤大体上由有机物和无机物组成，主要元素是碳（占65%～95%），其次是氢（占1%～2%），并含少量氧和硫，上述元素一起构成可燃化合物，称为煤的可燃质，剩余部分为煤的惰性质。煤被空气中的氧气氧化是煤自燃的根本原因。煤中的碳、氢等元素在常温下也会发生反应，生成可燃物 CO、CH_4 及其他气体烷烃。煤的氧化又是放热反应，如果热量不能及时散发掉，将使煤的堆积温度升高，反过来又加速煤的氧化，放出更多的可燃质和热量。当热量聚集，温度上升到一定高度（300～350℃）时，就会引起可燃物质燃烧，即发生自燃。

也就是说，煤的自燃是一个复杂物理、化学过程，它受着多种因素的影响，但归纳起来说，煤自燃的核心条件就是四点：

（1）煤以破碎状态存在，与空气接触面积大；

（2）有连续的供氧条件；

（3）有积聚氧化热的环境；

（4）上述三个条件持续足够的时间。

分析清楚了煤自燃的原因，就可以从产生自燃的因果关系来考虑对策了。最后，技术小组给出了具体的应对措施，从而有效地解决了煤自燃的问题：

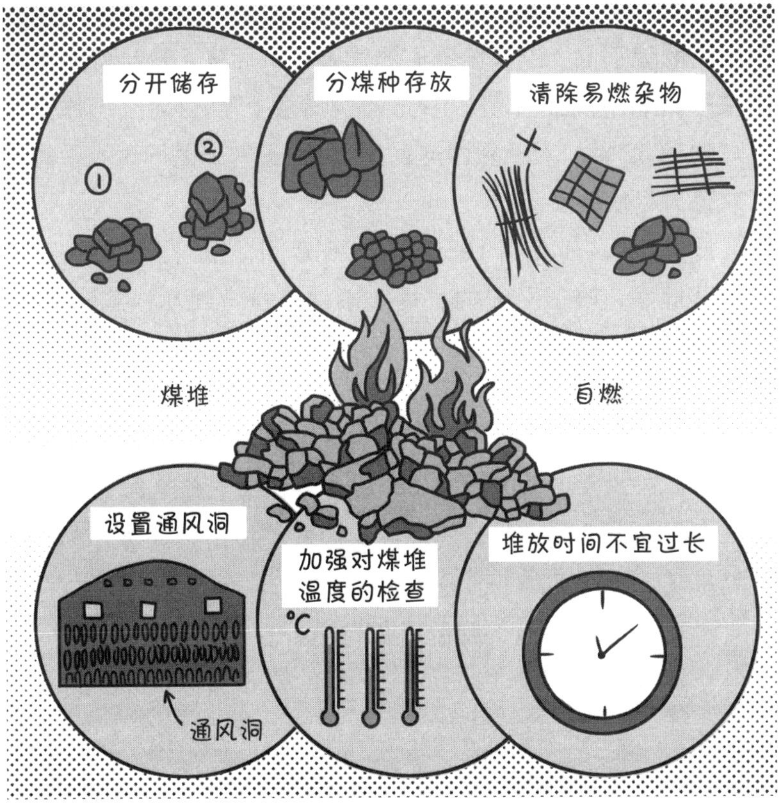

解决煤堆自燃的有效策略

（1）煤应分开储存，每堆不宜过大；

（2）严格区分煤种存放，根据不同产地、煤种，分别采取措施；

（3）清除煤堆中诸如草包、草席、油棉纱等易燃杂物；

（4）压实煤堆，在煤堆中部设置通风洞，防止温度升高；

（5）加强对煤堆温度的检查；

（6）堆放时间不宜过长。

逐项分析，案情真相大白

1940 年 11 月 16 日，纽约爱迪生公司大楼一个窗沿上出现一个土炸弹，并附有署名 F. P. 的纸条，上面写着："爱迪生公司的骗子们，这是给你们的炸弹！"后来，这种威胁活动越来越频繁，越来越猖狂。1955 年竟然放上了 52 颗土制炸弹，并炸响了 32 颗。对此报界连篇报道，并谴责此类行动的恶劣，要求警方尽快破案。

显然，从 1940 到 1955 年这 15 年间，纽约市警方一直未能破获此案，唯一获得的有用线索就是搜查到几张 F. P. 所写的威胁信，大致意思是：我正为自己的病怨恨爱迪生公司，要使它后悔自己的卑鄙行为。为此，我将不惜将炸弹放进剧院和公司的大楼里，等等。所有字母都是大写，且字迹清秀。

不得已，这次警方请来了犯罪心理学家布鲁塞尔博士。博士依据心理学常识，应用层层剥笋的思维技巧，在警方掌握材料的基础上进行了如下的分析推理：

（1）制造和放置炸弹的大都是男人。

（2）他怀疑爱迪生公司害他生病，属于"偏执狂"病人。这种病人一过 35 岁后病情就迅速加重。所以 1940 年时他刚过 35 岁，现在（1956 年）他应该是 50 出头。

（3）偏执狂总是归罪他人。因此，爱迪生公司可能曾对他处理不当，使他难以接受。

（4）字迹清秀表明他受过中等以上教育。

（5）约 85% 的偏执狂有运动员体形，所以 F. P. 可能胖瘦适度，体形匀称。

（6）字迹清秀、纸条干净表明他工作认真，是一个兢兢业业的模范职工。

（7）他用“卑鄙罪行”一词过于认真，“爱迪生”也用全称，不像美国人所为，故他可能在外国人居住区。

（8）他在爱迪生公司之外也乱放炸弹，显然有 F. P. 自己也不知道的理由存在，这表明他有心理创伤，形成了反权威情绪，乱放炸弹就是在反抗社会权威。

（9）他常年持续不断乱放炸弹，证明他一直独身，没有人用友谊或爱情来愈合其心理创伤。

（10）他无友谊，却重体面，一定是一个衣冠楚楚的人。

（11）为了制造炸弹，他宁愿独居而不住公寓，以便隐藏和不妨碍邻居。

（12）地中海各国爱用绳索勒杀别人，北欧诸国爱用匕首，斯拉夫国家恐怖分子爱用炸弹。所以，他可能是斯拉夫后裔。

（13）斯拉夫人多信天主教，他必然定时上教堂。

（14）他的恐吓信多发自纽约和韦斯特切斯特。在这两个地区中，斯拉夫人最集中的居住区是布里奇波特，他很可能住在那里。

（15）持续多年强调自己有病，必是慢性病。癌症不能活 16 年，恐怕是肺病或心脏病，肺病现代已经很容易治愈，所以他是心脏病患者。

根据这种层层剥笋式的方式，博士最后得出结论：警方抓他时，他一定会穿着当时正流行的双排扣上衣，并将纽扣扣得整整齐齐。而且，建议警方将上述15个可能性公诸报端。F. P. 重视读报，又不肯承认自己的弱点，他一定会作出反应以表现他的高明，从而自己提供线索。果不其然，1956年圣诞节前夕，各报刊载这15个可能性后，F. P. 从韦斯特切斯特又寄信给警方："报纸拜读，我非笨蛋，绝不会上当自首，你们不如将爱迪生公司送上法庭为好。"

依据有关线索，警方立即查询了爱迪生公司人事档案，发现在20世纪30年代的档案中，有一个电机保养工乔治·梅特

布鲁塞尔博士分析放置炸弹人的特征

斯基因公烧伤，曾上书公司诉说染上肺结核，要求领取终身残疾津贴，但被公司拒绝，数月后离职。此人波兰裔，当时（1956 年）56 岁，家住布里奇波特，父母早亡，与其姐同住一个独院。他身高 1.75 米，体重 74 千克。平时对人彬彬有礼。1957 年 1 月 22 日，警方去他家调查，发现了制造炸弹的工作间，于是逮捕了他。当时他果然身着双排扣西服，而且整整齐齐地扣着扣子。

凡事多问个“为什么”

拿破仑·希尔曾说过这样一句话：“由于我们的大脑限制了我们的手脚，因此我们掌握不了出奇制胜的方法，常常会在肤浅认识中简单地放弃。”其实，只要再深入一步，就有可能找到出奇制胜的办法，许多发现和创造往往就是在深入一步的思考中诞生的。

那么，怎样才能“深入一步”呢？这就需要我们不轻易对事情的进展表示满足，多问几个“为什么”，揭示出问题的本质，问题就可能迎刃而解了。

丰田汽车公司总经理大野耐一认为，他之所以能发明“丰田生产方式”，根本原因在于他从不满足，善于“在没有问题”中找出“问题”。在一般人看来，“不满足现状”总是不好的，但在丰田公司里却有一个口号：“不满足是进步之母。”丰田公司鼓励员工对现状不满。但要求把这个不满同改革结合起来，而不是和牢骚结合起来。大野耐一本人就是个善于从不满中发现问题，并不断进行改进的人。

大野耐一曾总结过他发现问题的秘诀，他说他的秘诀就是“凡事要问 5 次为什么”。

有一次，生产线上有台机器老是停转，修了多次都无效。

丰田创始人丰田喜一郎

于是大野就问员工："为什么机器停了？"

工人回答："因为超负荷，保险丝烧断了。"

大野又问："为什么超负荷呢？"

答："因为轴承的润滑不够。"

大野再问："为什么润滑不够？"

答："因为润滑泵吸不上油来。"

大野再问："为什么吸不上油来呢？"

答："因为油泵轴磨损，松动了。"

这样，大野还不放过，又问："为什么磨损了呢？"

答："因为没有安装过滤器，混进了铁屑。"

于是，大野立即下令给油泵安上过滤器，使生产线迅速恢复了正常。倘若不是这样打破砂锅问到底，只满足于换一个保险丝，或者换一下油泵轴，过一阵仍会出现同样的故障。大野说："丰田生产方式就是积累并运用这种反复问 5 次'为什么'的科学探索方法才创造出来的。"

所以，当你就一个问题探寻其原因时，一定要追根溯源，深入探查问题的核心，而不要满足于停留在问题的表面。

凡事多问几个"为什么"的方法，在科研方面也起着重要应用。我们不妨再举一个典型的例子。

爱迪生是人类历史上伟大的发明家，他一生的发明有 2 000 多种，有人不无夸张地说："如果人类没有了爱迪生的发明，人类文明史至少要往后推迟200年。”那么，爱迪生的发明天赋是从何而来的呢？对他一生进行长期研究的专家指出，爱迪生的发明很多来自于提问。平时爱迪生会对常人熟视无睹的问题提出无数个“为什么”。虽然他没有将自己所问的问题都求出答案来，然而他已得到的部分问题答案就多得惊人。

有一天，他在路上碰见一个朋友，看见他手指关节肿了。便问：“你的关节为什么会肿呢？”

“我不知道确切的原因。”

“为什么你不知道呢？医生知道吗？”

“唉！去了很多家医院，每个医生说的都不同，不过多半的医生认为是痛风症。”

“什么是痛风症？”

“他们告诉我说是尿酸淤积在骨节里。”

“既然如此，医生为什么不从你骨节中取出尿酸来呢？”

“医生说没有合适的办法取。”

“为什么没有合适的办法呢？”

“医生说，因为尿酸是不能溶解的。”

“我不相信。”爱迪生说。

爱迪生回到实验室里，立刻开始做尿酸到底是否能溶解的实验。他排好一列试管，每支管内都灌入1/4不同的化学溶液，每种溶液中都放入数颗尿酸结晶。两天之后，他看见有两种液体中的尿酸结晶已经溶化了。于是，这位发明家有了新的发现，一种医治痛风症的新方法

爱迪生找到使尿酸溶解的试剂

从此问世了。

爱迪生这种凡事都爱问个“为什么”的思维方式，为他以后的各种发明创造开辟了一个广阔的天地。

事实上，“层层剥笋”就是一种更加深入的思考问题的方法，它使人们不只停留在问题表面，而是着眼于事物本质的探究。当你发现问题的本质时，你也许会惊叹：解决问题原来如此简单。

在美国华盛顿广场，有座著名的杰弗逊纪念大厦，由于年深月久，墙面出现了多处裂纹。为了保护好这栋大厦，有关专家曾进行了专门研讨。

最初大家认为损害建筑物表面的元凶是酸雨的侵蚀，但进一步研究发现，对墙体腐蚀的最直接原因，是每天冲洗墙壁所含的清洁剂对建筑物有酸蚀作用。

于是专家们开始了层层剥笋似的分析：

为什么每天要冲洗墙壁呢？那是因为墙壁上每天都有大量的鸟粪；

为什么会有那么多的鸟粪呢？那时因为大厦周围聚集了很多燕子；

为什么会有那么多的燕子呢？那是因为墙上有许多燕子爱吃的蜘蛛；

为什么有那么多的蜘蛛呢？那是因为大厦四周有蜘蛛喜欢吃的飞虫；

为什么有这么多的飞虫呢？那是因为飞虫在这里繁殖得特别快；

为什么飞虫在这里繁殖得特别快呢？那是因为大厦常年开着窗阳光充足，且尘埃较多，大量飞虫聚集在此，超常繁殖……

问题核心被抓住，解决的办法自然很简单，只要拉下整幢大厦的窗帘，从此再不需要每天冲洗墙壁了，保护大厦的目的也达到了。

分析思维就是要我们凡事多问“为什么”，这“为什么”这三个字其实表达了一种深入发掘的欲望。很多时候，对一些看似寻常的事物，一般人都自以为很熟悉，从未想过要去问“为什么”，殊不知，问题的真相和本质，以及创新发明的机会往往就隐藏在对这些平常事物再问几个“为什么”的背后。

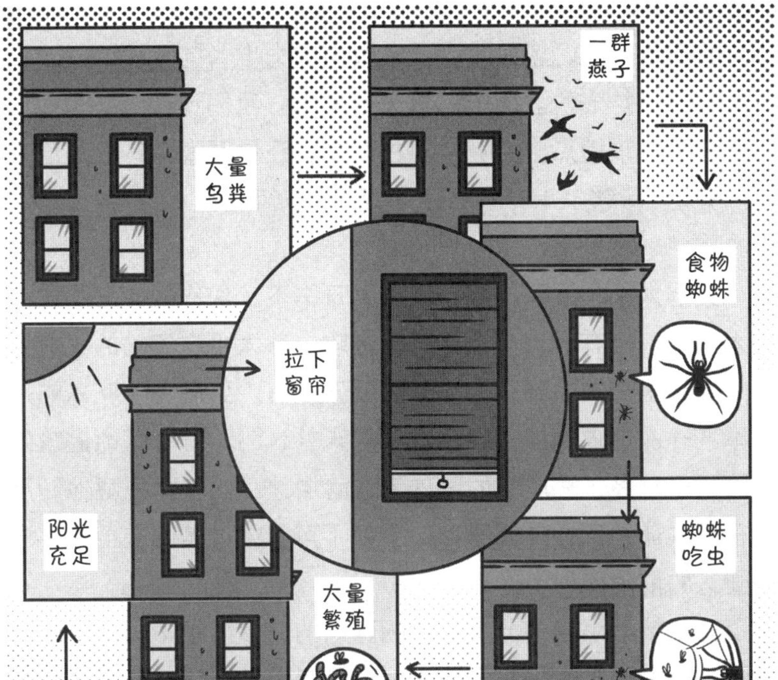

拉下窗帘就能防止飞虫聚集繁殖

密电码“AF”的含义

1941年12月，日本偷袭美国在太平洋最大的海空军基地珍珠港。此后，美、英对日宣战，太平洋战争爆发。

1942年，美日作战正酣之际，美国海军从截获的日军密码电报中发现了“AF”两个字母。美国海军部推测到，“AF”就是日军下一次的攻击目标。但是，“AF”指的究竟是什么？美国太平洋舰队情报处的认识与华盛顿海军情报部却不同，一方认为是中途岛，一方却认为是夏威夷或美国西海岸，甚至是阿拉斯加或巴拿马。

当时的陆军部长史汀生在日记中写道：“近几天不断传来令人惊恐的消息，说日本人已在集中兵力准备向我发动进攻，以报东京被炸之仇。由于消息有根有据，我们现在正不安地揣摩他们的进攻地点。究竟是阿拉斯加，还是西海岸，还是巴拿马。乔治·马歇尔十分紧张，今天下午对我说，他打算到西海岸看看。”

美国太平洋舰队情报组认为，日军下一次作战的意图虽然不太清楚，但有一点可以肯定，进攻中部太平洋岛屿的可能性很大。可是美国中部太平洋岛屿成千上万，到底哪一座岛屿是日军下一次进攻的战略目标呢？尼米兹认为，日军可能进攻的是阿留申群岛、夏威夷的珍珠港或者中途岛。直觉提醒他，不管日军的最终目标是哪里，似乎都不可能绕过美国在中太平洋最周边的前哨阵地中途岛。

对于情报小组的分析，美国国内的许多人都不相信。他们认为，日军集结这样庞大的兵力，针对的目标绝对不会是一个小小的中途岛，真正目标不是夏威夷，就是美国西海岸。《檀香山广告报》发表文章说：“内行的观察家们今天在这里预测，日本人计划对阿拉斯加和夏威夷发动冬季攻势。阿拉斯加在军事上是太平洋的基石，是日本人进攻的首要目标。由于冬季的不利因素，进攻计划曾一度被搁置。可是现在，日方正在准备实施这一进攻计划。夏威夷的军方总督迪洛斯·埃蒙斯中将已经向公众发出警告：夏威夷将遭到攻击……”

但美国太平洋舰队并不认同此看法，为此，舰队司令尼米兹特意交代情报小组，要尽一切可能尽早弄清字母“AF”的含义。

一连几天，“AF”这个代号出现的次数逐渐增多，有时似乎是作为一个目标，有时又表示一个舰队集结的地点……“AF”这一奇妙莫测的电波，当时简直成了回荡在太平洋上空的幽灵、魔影。

对这一秘密代号，这一代表战略进攻和军事行动的代号，太平洋舰队情报小组绞尽脑汁，一连几天也没有解开疑团。

“啊，AF！想起来了！”有一个情报员忽然回忆起来，几个月前日本水上飞机袭击珍珠港时，通讯中也曾使用过“AF”。于是，大家分头细心地从堆积如山的电文中查寻到，当时一架日本水上飞机在中途岛附近的一个小岛，从潜艇上得到了燃料补充，在电文中提到加油的地点在“AF”附近。

“看来，这个AF只能是中途岛！”情报组负责人罗彻斯特一口断定说。

为了进一步证实“AF”是否指的是中途岛，罗彻斯特到夏威夷太平洋舰队司令部，与情报参谋莱顿上校商议，可否指示中途岛基地拍发一份明码诱饵电报，内中用浅显的英语报告，说中途岛淡水蒸馏设备发生故障，饮水告急，试探东京方面有什么反应。

经请示后，舰队司令尼米兹将军同意了。

中途岛方面接到命令后，照此发了电报。第二天，罗彻斯

情报组分析“AF”就是中途岛

特的战术情报小组昼夜监听东京当局的电讯，果然收听到接连不断的密码电报，其中多次地出现“AF”。

“AF”缺乏淡水，“AF”缺乏淡水……补给舰队务必向“AF”登陆部队提供淡水……

石破天惊，尼米兹将军当即电告华盛顿，罗斯福总统当天通知以马歇尔将军为首的参谋长联席会议：十万火急，立即备战。情报已经准确，中途岛的战局便在美国人的掌握之中，其后的海战，美国人成功地报了珍珠港的一箭之仇。

在这一战例中，除了发诱饵电报的智慧外，最关键的还是对情报的准确分析，在如此之多的可能攻击目标中，首先确定“AF”是中途岛至关重要的。

巧用“分”的智慧

中国四大发明之一活字印刷术的诞生，就是一种“分”的智慧。

在我国古代，最初的字是刻在竹简上，称为“简牍”，后来蔡伦发明造纸是一大进步。到唐代初年，雕版印刷术又被发明了，但局限性仍然很大。

宋太祖时要印一部《大藏经》，光雕版就花了 20 多年的时间，雕成的 13 多万块版子放满了一个大屋子。而且，雕版中有了错字很难更改，同时制作雕版也很费材料，如果印过的书不再重印的话，一大堆雕版就成了废物。如果印别的新书，又得重刻雕版。

毕昇起初也在使用传统的雕版印刷术，但当他看到一块块精心雕刻的木板印完书后就丢弃了，觉得十分可惜，他想：这些字如果能够拆下来，不就可以重复使用了吗？

经过反复思考后，他选择用便宜的胶泥，将每个字分别刻成印章，然后按照文章的意思排列，胶泥字使用以后可重新组合再用。以后他又进一步改进了相应的制版技术，使活字印刷使用起来更方便。为了提高效率，他采用两块铁板，一块板印刷，另一块排字，交替使用，这样印刷的速度也加快了。

毕昇的发明主要有两点突破，一是字与字的分离；一是采用两个版，一个印刷，一个排字，把时间也给分离了。

这样就具有了原来印刷技术所缺乏的灵活性。由于开始就先强调“分”，到每一次印刷时，又根据具体需要，进行相应的“合”。这样一来，就彻底改变了原来那种死板的印刷术，使印刷技术进入了一个全新的时代。

世界著名品牌“派克自来水笔”的创始人派克，也是一个巧用“分”的智慧的人。

派克先生原来是一个销售自来水笔的小店铺的店主。他每天凝视着那些待售的钢笔发呆，想制造出质量更好的钢笔，自产自销，扩大规模，然而却一直无从下手。

终于有一天，他豁然开朗，他想到把这一问题分开来解决，即把现有钢笔各部分分开来进行改进研究：从笔的成分构成、原料组成、外观造型、使用功能等多个方面逐一进行分析，并且他还对现有各种笔的长处和短处进行了对比分析。譬如从笔的构成方面分析，就可将之分为笔杆、笔尖、笔帽等部分，再将这几个部分进一步细化，又可分解为几个更小的子项，譬如在笔帽的造型方面可以有直线型与流线型，在笔帽与笔杆的组合上可以有旋拧式与插入式，等等。

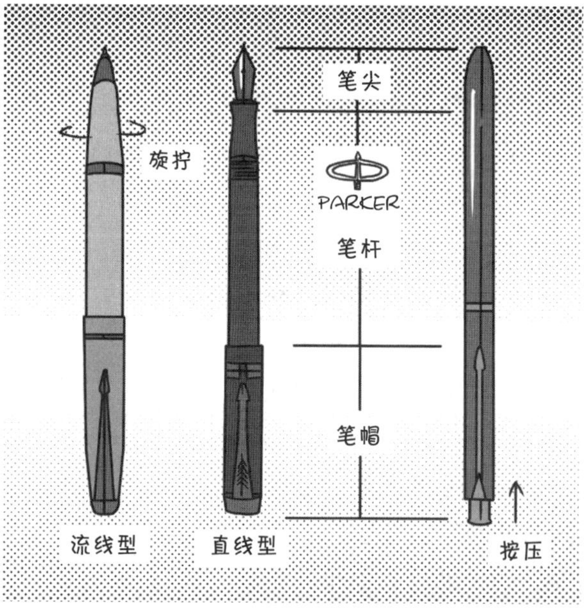

将钢笔分开来进行改进研究

最后，他对钢笔进行了系统的改进，其发明的流线型、插入式的笔帽结构获得了世界专利——这就是全球著名的派克自来水笔的由来。

计算机是当今时代高科技的象征。计算机和微电脑创造了惊人的社会效益与经济效益。从计算机的发展趋势来看，是功能越做越多，构造愈来愈复杂，但也有思维独到的人反其道而行之，不做加法，而做减法，力图在“分”中寻找出路。

我国 VCD 和学习机的制造企业，就是从这种“分”的创意中，开发出全新的产品，取得了令人欣喜的科技成果——将计算机中的光驱与解码部分分离出来，就成了千家万户都喜欢的 VCD；将计算机中的文字录入编辑和游戏功能取出来，就成了学习机。VCD 与学习机的问世，造就了一个消费热点，也造就了一大产业。比尔·盖茨因此盛赞中国企业家的独具慧眼，开发出一个利润丰厚的 VCD 与学习机市场，让中国在这一领域首次领导了世界高新产品的潮流。

还有的人，还利用“分”的智慧，成功地保护了他所服务客户的企业。

美国有一条反托拉斯法，许多大企业因此而被迫解散。美孚石油公司是全美数一数二的大企业，这自然会引起公众的注意。迫于舆论的压力，国会议员叫嚷着要对美孚石油公司进行调查起诉，美孚石油公司看来已经是在劫难逃了。

这时候，公司雇佣的法律事务所中，有一位名叫约翰·福斯特·杜勒斯的青年律师，他想出一个绝妙的主意：他建议把美国各州的美孚石油公司对外宣布为独立的公司，如纽约美孚石油公司、新泽西美孚石油公司、加利福尼亚美孚石油公司、印第安纳美孚石油公司等。这些公司都设置一名名字独立的老板，但实际上还是统属于美孚石油公司的。

精明的杜勒斯为了这件事，连续一个星期夜以继日地工作，替各个公司订立独立的账目，以供参议院审查。一切努力都没有白费。最后，美孚石油公司终于顺利通过了参议院的审查，国会议员们从此再也不提诉讼的事了。

原子分子论的形成过程

1803 年 10 月 21 日，道尔顿在英国曼彻斯特的“文学和哲学学会”上，第一次阐述了他的原子论思想，其核心内容是“原子是物质不可再分割的最小微粒”。次年，着力于普及化学知识的苏格兰化学家汤姆逊听说了道尔顿的原子论，他专程拜访了道尔顿。在两天的时间里，他们俩热烈、详细地讨论了原子学说。其后的几年里，汤姆逊热情地称赞和宣扬道尔顿的原子学说，使这一学说很快为化学界所熟悉。

道尔顿
（1766—1844 年）

道尔顿虽然并未见识过原子，更没有在实验室中制造出单个原子，那他是怎样认识原子的呢？这就是他根据相关的实验资料，运用抽象思维的工具从宏观的物质中“分解”出来了原子，并由此提出了有关原子存在理论。这种抽象的分析思维使人的认知手段达到了实验手段不能达到的深度，充分显示了分析思维工具在感性认识到理性认识过程中的重要作用。

1808 年，法国化学家盖·吕萨克在研究各种气体在化学反应中体积变化的关系时发现，参加同一反应的各种气体，在同温同压下，其体积成简单的整数比。于是他按照道尔顿原子论的思想提出了一个新的假说：在同温同压下，相同体积的不同气体含有相同数目的原子。没料到这一假说遭到了道尔顿的公开反对，因为道尔顿也曾作过这种假设而后被他自己否定，理由是这与 1 体积氧气和 1 体积氮气化合生成

2 体积的一氧化氮（$O_2+N_2 = 2NO$）的实验事实相违背。若按盖·吕萨克的假说，*n* 个氧和 *n* 个氮原子生成了 2*n* 个氧化氮“复合原子”（当时道尔顿的提法），岂不成了一个氧化氮的复合原子由半个氧原子、半个氮原子结合而成？而原子论的一个基本点就是原子不可再分，半个原子是不可能存在。于是二者间发生了激烈的争论，双方谁也说服不了谁。

就在这时意大利一位名叫阿佛伽德罗的物理学教授对这场争论产生了浓厚的兴趣。他仔细地考察了盖·吕萨克和道尔顿的气体实验和他们的争执，发现了矛盾的焦点。1811 年他写了一篇题为《原子相对质量的测定方法及原子进入化合物的数目比例的确定》的论文，在文中他首先声明自己的观点来源于盖·吕萨克的气体实验事实，接着他明确地提出了分子的概念，认为单质或化合物在游离状态下能独立存在的最小质点称作分子，单质分子由多个原子组成，他修正了盖·吕萨克的假说，提出：“在同温同压下，相同体积的不同气体具有相同数目的分子。”“原子”改为“分子”的一字之改，正是阿佛伽德罗假说的奇妙之处。对此他解释说，之所以引进分子的概念是因为道尔顿的原子概念与实验事实发生了矛盾，必须用新的假说来解决这一矛盾。譬如单质气体分子都是由偶数个原子组成这一假说恰好使道尔顿的原子论和气体化合体积实验定律统一起来。

阿佛伽德罗
（1776—1856 年）

尽管这一假说当时遭到了包括道尔顿在内的多数化学家的反对，但 50 年后它终于获得了学术界的普遍认可。今天，分子论已经成为原子结构理论的一个重要组成部分，与原子论相互补充形成了一个有机联系的整体，人们统称为“原子 – 分子论”。

在这里，阿佛伽德罗只是将道尔顿的物质结构分析增加了一个新的层次，即先将具有复杂结构的宏观物质“分割”到分子层次，然后再“分割”至微观原子的层次，所使用的仍是分析思维的方法。正是“分子”这一分析层次的出现，扭转了当时物理界和化学界关于原子量测定数据混乱的局面，使人们对物质结构的认识更加深入了一步。

探索金属腐蚀的奥秘

人类开始使用金属后不久，便提出了防止金属腐蚀的问题。古希腊早在公元前就提出了用锡来防止铁的腐蚀。我国商代就已经用锡来改善铜的耐蚀性而出现了锡青铜。18 世纪以来由于工业的迅速发展，金属材料的大量使用，金属防腐的问题就越来越突出地显现出来。

20 世纪 70 年代美国发表了一份重要的统计报告，报告指出：全世界每年生产的钢铁约有 30% 遭受腐蚀，10% 的钢铁因此而将变成无用的铁锈，粗略估计约为 1 亿吨！目前，全世界每年因金属腐蚀造成的经济损失高达 7000 亿美元，超过每年各项大灾（火灾、风灾及地震等）损失的总和！至于因金属腐蚀造成设备破坏、管道泄漏、产品污染，酿成燃烧或爆炸等恶性事故的损失，那就更无法估计了。

一面是人类投入巨额的资金去找矿、开矿、冶炼并制造成金属设备，一面是巨量的金属材料因腐蚀而每时每刻都在悄悄地流失，这的确是让人触目惊心的事实。因此，金属腐蚀的防护是人类所面临的一个重要研究课题。

表面上看，金属的腐蚀好像很简单，但其实发生的过程却非常复杂。如何对这一复杂的理化过程进行人工控制，就必须采用分析思维的方法，将错综复杂的腐蚀过程分解开来，弄清其中的每一个原因，然后对症下药地逐一加以解决。

1790 年英国化学家凯依尔首先开始了对铁被硝酸钝化的研究，从此研究金属在各种介质中腐蚀的科学活跃起来。哈尔在 1819 年证明铁在没有氧的情况下是不会生锈的；德维在 1824 年证明，当没有氧时海水并不对钢起作用，并于同年提出了用锌保护钢壳船的原理。

电离理论以及法拉第定律的出现，对腐蚀的电化学理论发展起到了重要的推动作用。德·拉·李夫在 1830 年提出了腐蚀电化学的概念（即微电池理论），随后能斯特定律、腐蚀热力学图等也相继产生，并创立了电极动力学过程的理论。到了 20 世纪初，金属腐蚀学科成为一门独立的科学，在科学领域中占有重要的位置。

今天人们已经弄清楚，导致金属腐蚀的发生，首先是金属材料本身的原因，如有的金属（如铜、铝）不容易腐蚀，而有的金属（如铁及合金）容易腐蚀。然后才是外在环境的因素引发的腐蚀。因此研究金属的腐蚀，首先需将其分析（分拆）为内因和外因两个部分。

而就外因而言，金属的腐蚀又分为化学腐蚀与电化学腐蚀，化学腐蚀是金属与非电解质物质直接发生的化学反应，即金属在干燥的环境和非电解质存在的条件下发生的腐蚀；而电化学腐蚀是金属与电解质溶液发生了原电池反应，即在潮湿的环境和有电解质存在的条件下发生腐蚀。我们可以把电化学腐蚀的过程和化学原理用图 5-13 表示。

析氢腐蚀是发生在酸性电解质溶液环境时，如钢铁的腐蚀反应：

负极：$Fe - 2e^- = Fe^{2+}$；正极：$2H^+ + 2e^- = H_2 \uparrow$

电池总反应：$Fe + 2H^+ = Fe^{2+} + H_2 \uparrow$

吸氧腐蚀则是发生在很弱的酸性至碱性的电解质溶液环境时，如钢铁的腐蚀：

负极：$Fe - 2e^- = Fe^{2+}$；正极：$O_2 + 2H_2O + 4e^- = 4OH^-$

电池总反应：$2Fe + O_2 + 2H_2O = 2Fe(OH)_2$

进一步反应：$4Fe(OH)_2 + O_2 + 2H_2O = 4Fe(OH)_3$；$2Fe(OH)_3 = Fe_2O_3 \cdot xH_2O + (3-x)H_2O$

弄清楚了上述化学原理，然后才能采用对应的防腐措施。目前人们采用的措施主要有改善金属的本质，把被保护的金属与腐蚀介质隔开，改善腐蚀环境以及金属的电化学保护，等等。

改善金属的本质：就是根据不同的用途选择不同的材料组

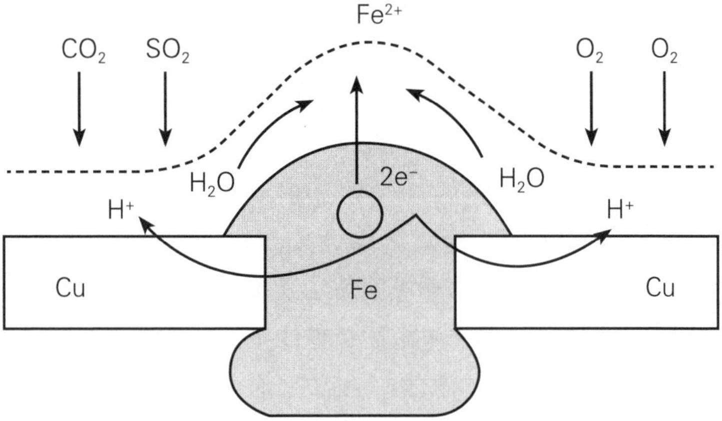

金属电化学腐蚀的示意图

成耐蚀合金，或在金属中添加合金元素，提高其耐蚀性，可以防止或减缓金属的腐蚀。例如，在钢中加入镍制成不锈钢可以增强防腐蚀能力。

形成保护层：就是在金属表面覆盖各种保护层，把被保护的金属与腐蚀性介质隔开，是防止金属腐蚀的有效方法。工业上普遍使用的保护层有非金属保护层和金属保护层两大类。它们是用化学方法、物理方法和电化学方法实现的。像金属的磷化处理、氧化处理、形成非金属涂层或金属保护层等。

改善腐蚀环境：就是减少腐蚀介质的浓度，除去介质中的氧，控制环境温度、湿度等都可以减少和防止金属腐蚀。也可以采用在腐蚀介质中添加能降低腐蚀速率的物质（称缓蚀剂）来减少和防止金属腐蚀。

电化学保护法：电化学保护法是根据电化学原理在金属设备上采取措施，使之成为腐蚀电池中的阴极，从而防止或减轻金属腐蚀的方法。分为牺牲阳极保护法和外加电流的金属保护法，等等。

从上面的讨论可以看出，金属的腐蚀呈现在我们面前的只是一个因生锈而消耗的过程，但它却并非是一个单一的过程。为了认识腐蚀的本质就必须先认识部分，将腐蚀的整体暂时分割（分析）开来，从整体中抽取出被考察的因素来单独进行研究，这就是一个“整体→部分”的过程；当弄清了各单个考察的因素以后，再来进行整体治理，这就是一个“部分→整体”的过程，即金属腐蚀的形式虽然不一样，但本质都是金属失电子而被氧化的过程，因此治理的方法就是防止金属失电子而被氧化。无论是改善金属的本质，或是把被保护金属与腐蚀介质隔开，或是改善腐蚀环境和金属的电化学保护，其原理都是为了达到这一目的，只是根据不同的情况选择不同的方法而已。

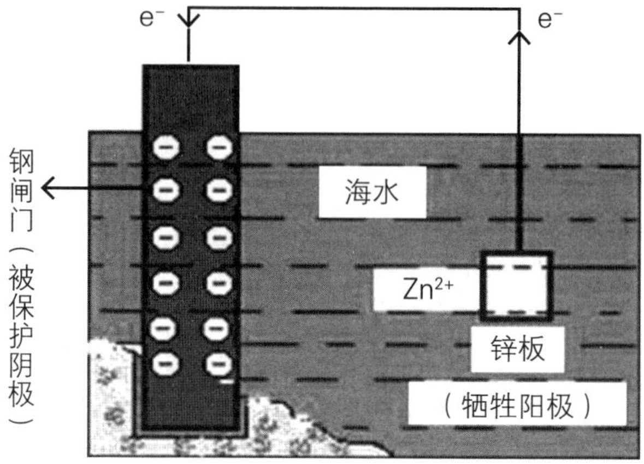

金属腐蚀的电化学保护示意图

化学研究中的分析思维

物质的化学反应是一个十分复杂的过程，为了认识这一复杂的过程，通常人们对化学反应原理“分解”成化学热力学与化学动力学两个部分来研究。

热力学的研究范畴还是太大，人们再将其“分解”为化学反应的“方向”和“限度”两个部分；反应“方向”即判断反应能否发生，反应“限度”则是判断反应进行的程度。一般情况下，热力学判定能够发生的反应在通常均能发生，但有些反应却往往观察不出反应的发生，这是因为反应实际的发生还涉及到化学动力学（反应机理和反应速率）的问题，所以动力学又必须解决反应机理和反应速率两个问题。

研究化学反应机理仍然十分复杂，故人们再将各复杂的反应分解为一个个的“基元反应”来研究。同一反应的各基元反应速度有快有慢，这又得从最慢的那一步来研究，因为解决了最慢的那一步基元反应,也就“疏通”了整个反应的“瓶颈”，反应的速度就完全可控了。

许多时候，从热力学角度实现化学反应高转化率的条件与从动力学角度实现高速率所需要的条件是相矛盾的，这就又必须对两方面的研究结果进行系统分析，平衡两方面的矛盾，最后确定最佳的生产控制条件……

从上面的系列分析不难看出，仅就一个普通的化学反应，人们为了透彻地研究它的进行过程，就必须将其层层分解，逐个逐个地解决问题。只有将反应中的每一个具体问题都解决了，整体的问题才有可能解决——这就是分析思维方法在化学平衡理论学习中的具体应用。

在物质结构的研究中，为了形成知识的系统和研究的方便，人们将其“分解”（分析）为原子结构、分子结构、晶体结构等多个子项，且每一个子项都自成体系。

原子虽小，但结构复杂，人们又根据实验事实，提出了核式原子结构模型，将其“分解”成原子核和核外电子两个部分进行研究。

核外电子的运动仍然十分复杂，人们又提出电子运动的模型和核外电子排布的理论。电子运动模型提出了多种不同的模型,其中电子云模型又将其“分解”成“电子层”“电子亚层”“电子云的伸展方向”和“电子的自旋方向”4个方面来研究，也就是对研究所谓的“四个量子数”。再结合电子排布的理论，人们才能进行对核外电子进行简单的排布，进而揭示物质间的化学变化和解释物质的化学性质。

在化学知识学习中，利用分析思维的方法是很多的。例如把物质“分解”为无机物和有机物进行研究；把元素“分解”

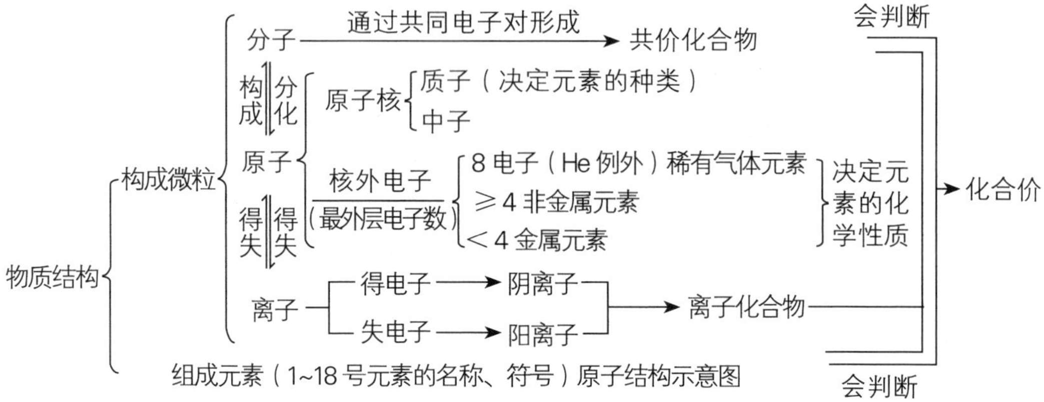

物质结构知识体系分析图

为各类（金属与非金属）、各族（主族和副族）来研究；把整套装置“分解”为制备装置、干燥装置、除杂装置、净化装置来装配，等等。分析思维方法的优点是把复杂的问题简化，从而更清晰地显示事物的特征和内在的本质。

但就如前面所谈到的，分析思维方法由于只着眼于局部研究，把本来是相互联系的整体割裂开来进行考察，因而容易得出孤立、片面的结论，常常会“只见树木、不见森林”。因此进行分析思维时，不仅要独立地研究每一个要素，同时还要分析要素与要素之间的联系，找出其中本质性的东西，在整体中来把握各个要素。要记住，分析是为了“整”而“分”，不是为了“分”而“分”。分析不是单纯的“分”，而是“联系”中的“分”，所以分析思维方法通常要同综合思维方法联系起来运用，这样才可能获得到系统而全面的结论。

6 综合思维法

客观事物是一个统一的整体，其中的各个要素间彼此有机地联结从而构成事物的总体特征，因此要全面地认识事物，就必须学会综合整体思考问题的方法。

整合事物的认识方法

概念

综合是从部分到整体，从抽象到具体，从普遍到特殊的思考问题方法，是对事物从整体上进行理解，并把相互差异的各个局部联结起来，力求实现各部分的多样性统一。它是一种从已知引导到未知，从局部引导到全局的思维方法。

综合思维在人的认识过程中发挥着重要作用。在科学发展史上，当科学事实或科学知识积累到一定程度，需要从更广的角度和更深的层次来揭示事物的内在统一性，这时就会有科学家进行通观全局的知识综合（整合），从而引发重大的科学发现。比如人类很早就认识到电现象和磁现象，可是在法拉第等人的工作之前，对于电和磁的研究一直是彼此隔绝进行的，直到麦克斯韦方程的出现，才用数学的形式实现了电与磁的整合；量子化学的创始人海特勒和伦敦，他们是在对组成氢分子的电子和原子核两个部分的相互作用、相互联系的综合考察之后，从整体上认识氢分子内部结构，才提出了分子结构的新理论，并创建了量子化学；而门捷列夫就是利用综合思维的方法，寻找当时已经发现各孤立元素之间的内在联系，通过相对原子质量（实为核电荷数）把所有元素建立联系，提出了著名的元素周期律，化学也由此成为一门系统的科学。此外，万有引力定律、能量守恒与转化等定律的提出和形成，也都离不开综合思维。

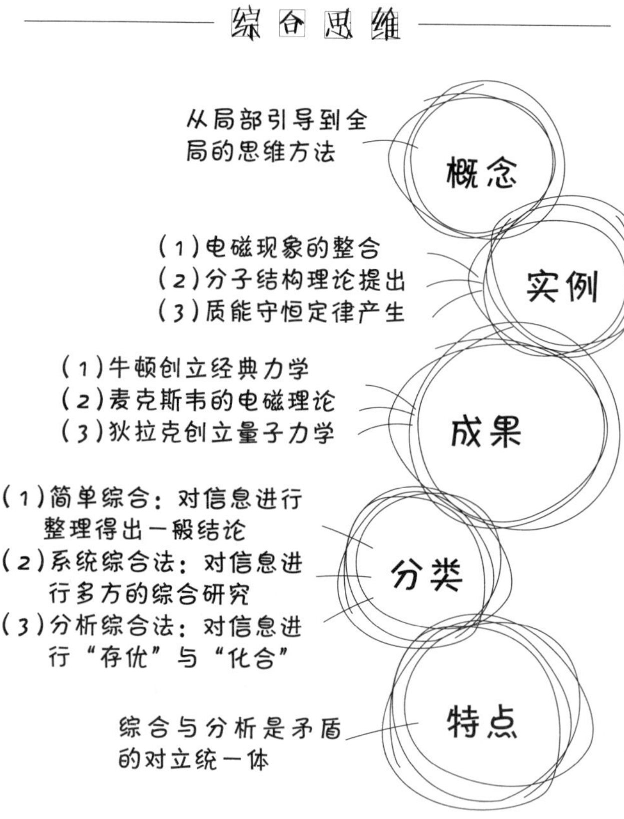

什么是综合思维

社会学家甚至将科学发展史上的几次重要的综合思维成果归结为三次技术革命和三个时代的产生：第一次是牛顿综合了开普勒天体运行三定律和伽利略的物体垂直运动与水平运动规律，从而创造了经典力学，引起了以蒸汽机为标志的技术革命；第二次是麦克斯韦综合了法拉第的电磁感应理论和拉格朗日、哈密尔顿的数学方法，创造了更加完备的电磁理论，因此引发了以发电机、电动机为标志的技术革命；第三次是狄拉克综合了爱因斯坦的相对论和薛定鄂方程，创造了相对量子力学，引起了以原子能技术和电子计算机技术为标志的新技术革命。所以爱因斯坦说过：“……组合作用似乎是创造性思维的本质特征。”

艾萨克·牛顿
（1643—1727 年）

利用综合思维所形成问题研究的结论，通常有以下三种情况：第一，对于事物的性质及相互关系的认识。第二，对事物进行评价，它是在对事物认识的基础上形成的，也就是说它更能体现综合的特点。第三，提出某种结论性的见解和主张，这种见解和主张往往包含了对某一事物的认识与评价，因此它的综合性更强。

分类

综合思维的方法很多，但一般说来，可以分为以下三类。第一类，简单综合法：它是对于研究对象有关的信息（情况、数据、素材等）进行汇集、归纳和整理，得出一般研究结论的过程。第二类，系统综合法：它是从系统论的观点出发，对与事物有关的大量信息进行时间与空间、纵向与横向等方面的综合研究。系统综合法不是简单的信息搜集、归纳和整理，而是一个创造性的深入认识事物本质、特征和规

詹姆斯·克拉克·麦克斯韦
（1831—1879 年）

保罗·狄拉克
（1902—1984年）

律的过程。第三类，分析综合法：它是对所搜集到的与研究对象有关的全部信息，在对比、分析和推理的基础上进行“存优”与“化合”。

这里所说的“存优”，就是通过对比分析去伪存真，去粗取精，然后将“真”“精”信息综合起来；所谓“化合”，就是将各种研究信息进行综合创造，形成为自己所用的新的信息资源，从而提出最佳设计方案，形成问题结论的过程。

特点

人的认识过程都是从低级到高级的螺旋式上升的，这个运动过程就是从综合到分析，再到新的综合的周期运动。人们认识事物的第一步，就是从总体出发了解事物的概貌，获得初步的综合性认识；第二步再用分析的方法将事物各部分加以细分和研究，获得更深一步的认识。第三步再采用综合的方法把各部分的分析加以整合，获得深刻而又全面的认识。这一综合性的认识又成为进一步分析的起点，如此循环往复，使人们的认识不断地深化和发展。

综合与分析是两个相反的逻辑思维过程，是矛盾的对立统一体。综合与分析的结合是重要的辩证思维方法，二者的辩证关系主要体现在以下两个方面：

第一，它们相互依存，互为前提。任何综合必须以分析为基础，人们感知到的对象是一个整体，感知不等于理解，要理解就要进行分析，把它抽象为不同的方面和属性，分别加以认识并搞清它们之间的联系，进而揭示出事物的本质和规律。任何分析必须以综合为指导，脱离综合的分析，就会把整体中有机联系的各个部分孤立起来，而且没有整体观念的指导，分析就无从下手，最终导致以偏概全，形成错误的认识。也就是说，分析中有综合，综合中有分析，尤其在对复杂事物的认识过程中，单纯的分析和单纯的综合都是不存在的。

第二，它们相互转化。人们对事物的完全认识是一个无限的过程，而每一次的分析和综合都只能达到相对全面的认识，所以每次综合必须重新转化为更深层次上的分析，每次分析又必须转化为新的更高水平的综合，正是这种“分析 – 综合 – 再分析 – 再综合”相互转化的前进运动，才使人们越来越接近于对客观对象的全面认识。因此我们说，综合不是对分析所形成的局部认识的拼合和累积，它应当是一种富有创造性的思维活动，它的认识成果应当远远超过原有分析许多局部而取得的认识的总和。

综合分析揭示问题真相

综合就是将已有的分析成果按其固有的内在联系有机地结合起来，从总体上更全面、更深刻地研究对象的本质和规律。我国明朝科学家徐光启,就曾运用综合思维法研究出治蝗之策。

明朝时候，江苏北部曾经出现了可怕的蝗虫，飞蝗一到，整片整片的庄稼被吃掉，颗粒无收。徐光启看到人民的疾苦，想到国家的危亡，毅然决定去研究治蝗之策。

他收集了自战国以来两千多年有关蝗灾情况的资料。在这浩如烟海的资料中，他综合统计出 151 次蝗灾发生的时间，在这 151 次蝗灾中，发生在农历四月的 19 次，发生在五月的

12 次，六月的 31 次，七月的 20 次，八月的 12 次，其他月份总共只有 9 次。根据对这些数据的统计分析，由此他确定了蝗灾发生的时间大多在夏季炎热时期，以六月份为最多。

另外他从史料中发现，记载的蝗灾大多发生在河北南部，山东西部，河南东部，安徽、江苏两省北部。为什么多集中于这些地区呢？经过细致研究，他发现蝗灾与这些地区的湖泊池沼分布较多有关。

于是他把自己的研究成果向百姓宣传，教他们在相应的时段、相应的环境提早进行防范。同时他向皇帝呈递了《除蝗疏》，

徐光启上奏治蝗之策

使朝廷终于制定了治蝗的有效对策。

与之相类似，神秘的“红崖天书”的破译，也是得益于综合思维。

所谓“红崖天书”，是位于贵州省安顺地区一处崖壁上的古代碑文；在长 10 米、高 6 米的岩石上，有一片用铁红色颜料书写的奇怪文字，字体大小不一，大者如人，小者如斗，非琢非刻，似篆非篆，神秘莫测。因此，当地的老百姓称之为“红崖天书”。近百年来，“红崖天书”引起了众多中外学者的研究兴趣，甚至有人推测这是外星人的杰作。据说，郭沫若等学者也曾经尝试破译，但是却一直没有定论。

直到上海江南造船集团的高级工程师林国恩发布了对“红崖天书”的全新诠释，学术界才统一了认识，这一“千古之谜”终于揭开了它的神秘面纱。

那么，非科班出身的林国恩是如何破译这个“千古之谜”的呢？林国恩于 1990 年了解“红崖天书”以后，就对它产生了浓厚的兴趣，从此把他的全部业余时间放到了破译工作上。他祖传三代中医，自幼即背诵古文，熟读四书五经。他于 1965 年考入上海交通大学学习造船专业，但是他业余时间仍钻研文史，学习绘画。由于他是造船工程师，系统学习对他有很深的影响，使他掌握了综合看待问题的思维方法，这为他破译“红崖天书”打下了坚实的基础。

在长达 10 年的研究中，他综合考察了各个因素，查阅了 7 部字典，把“红崖天书”中 50 多个字，从古到今的演变过程弄得清清楚楚。在此基础上，他做了数万字的笔记，写下了几十万字的心得，还三次去贵州实地考察，为破译“红崖天书”积累了丰富的资料。

经过系统综合的考证，林国恩确认了清代瞿鸿锡摹本为真迹摹本；文字为汉字系统；全书应自右向左直排阅读；全书图文并茂，一字一图，局部如此，整体亦如此。从内容分析，“红崖天书”成书约在 1406 年，是明朝初年建文皇帝所颁发的一道讨伐燕王朱棣篡位的“伐燕诏檄”。全文直译为：燕反之心，迫朕逊国。叛逆残忍，金川门破。杀戮尸横，罄竹难书，大明日月无光，成囚杀之地。需降服燕魔，作阶下囚。

我们可以设想，如果不能将这些文字与其历史背景、文字结构、图像寓意结合起来，不能整体地去考察、去把握，恐怕“红崖天书”到现在也还是一个谜。

材料综合获取系统情报

对材料的综合是一种研究问题的基本方法，最常见的材料综合就是对收集到的信息进行综合。将各种信息汇集到一起，通过系统的分析，有时会产生出人意料的研究结果。

20 世纪 30 年代，正当希特勒扩充军队，加紧准备发动第二次世界大战的关键时刻，英籍作家雅格布的一本书籍出版了。这本书详尽地介绍了希特勒军队各军区的设置及战备情况。希特勒得知这一书籍的出版后暴跳如雷，立即命令他的情报人员将雅格布秘密绑架到柏林。在审问中，雅格布说他的全部材料都是从德国公开的报纸上得来的，没有做任何秘密的情报刺探。雅格布的回答使得德国的情报人员个个目瞪口呆，面面相觑。

雅格布究竟是怎样从报纸上得到了希特勒极其重要的军事秘密的呢？原来，他长期注意从德国报刊上搜集关于希特勒军事情况的报道，就连丧葬讣告和结婚启事之类的材料也不放过。日积月累，他把搜集的大量德军情报，做成卡片，然后，精心分析，综合判断，终于描绘出一幅德军内部组织状况及扩

雅格布从报纸上获取情报

军备战的全景图，而这幅图画竟然与真实情况完全相符，难怪希特勒及其军事首脑们对此感到神经紧张、惊恐万状。

雅格布的这一工作就是把一些相关的材料综合在一起，创造出了一种新的信息材料——德军设置及战备图。而他之所以能做到这点，就在于他善做有心人，处处留心德军军事情报的结果。所以，要想有效地综合思维，还要注意做个有心人，不断地积累材料，这样才能获得有用的综合信息。

20 世纪 60 年代时，大部分中国人还不知道大庆油田在哪里，日本人却对大庆油田的情况了如指掌。他们是怎样做到的呢?

日本人首先从中国画报刊登的铁人王进喜的大幅照片上推断出大庆油田在东三省偏北处，因为照片上的王进喜身着大棉袄，背景是遍地的积雪，这种雪景只有在东三省才会出现。接着，他们又从另一幅肩扛人推的照片，推断出油田离铁路沿线不远。他们从《人民日报》的一篇报道中看到一段话，王进喜到了马家窖，说了一声:“好大的油海啊，我们要把中国石油落后的帽子扔到太平洋里去!”据此，日本人又作了深入的分析，推断出大庆油田的中心就在马家窖。

大庆油田什么时候产油了呢? 日本人判断: 1964 年。因为王进喜在这一年参加了全国人民代表大会，如果不出油，王进喜是不会当选为人大代表的。

日本人还准确地推算出大庆油田油井的直径大小和油田的总产量，依据是《人民日报》一幅钻塔的照片和《人民日报》刊登的国务院政府工作报告: 用当时公布的全国石油产量减去原来的石油产量，简单之至，连小学生都能算出来——日本人推算出大庆的石油产量为 3 000 万吨，与大庆油田的实际年产量几乎完全一致。

有了如此多的准确情报，日本人迅速设计出适合大庆油田开采用的石油设备。当我国政府向世界各国征求开采大庆油田的设计方案时，日本人一举中标。

日本人在这里正是利用了综合思维的方法，他们通过对收集到的各种信息进行汇总，在对全部信息进行对比、分析、推理的基础上而作出判断。

可见，科学的综合不是把研究对象的各个组成部分简单相加或机械地装配，也不是各种因素的随意堆砌，而应该是根据各个组成部分（现象）之间的内在联系，从整体上对它们加以分析和整合，最终形成完整、全面而系统的认识。

取各家所长设计新产品

1764 年哈格里夫斯发明的珍妮纺纱机，由 1 个纺锤改为 80 个纺锤，大大提高了纺纱的效率。但纺出来的纱虽然均匀，却不结实。

1768 年阿克顿特发明了水力纺纱机，效率虽然大大提高，纺出来的线也很结实，但纺出来的线却不均匀。

1779 年，青年工人克隆普敦把哈格里夫斯和阿克顿特两个纺车的技术长处加以综合，设计出一个纺线既结实又均匀的纺纱机。这种纺纱机有三四百支纱锭，效率自然成百倍的提高。他为了纪念这个两种纺车相结合的新纺纱机，他对自己的纺纱机取了个杂种“骡子”的名字，叫做骡机。马克思对此曾高度评价：“现代工业中一个最重大的发明——自动骡机推动了英国的纺织技术革命。”

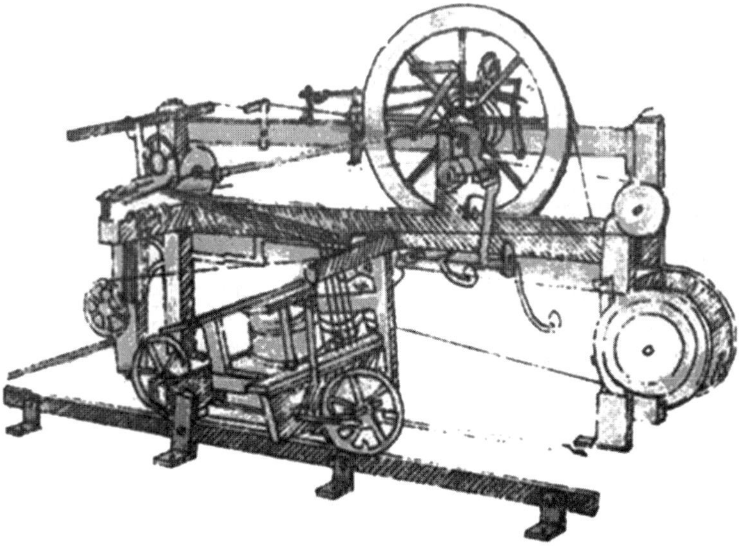

克隆普敦设计的自动骡机

像这种取各家之所长设计新产品的方法，就是一种综合思维的方法。

20 世纪 60 年代，日本广岛的家畜繁殖名誉教授渡边守之，与台湾的学者一起成功地培育出比普通鸭重两倍而肉味鲜美的新型大鸭种。他们是怎样培育的呢？它们就是让北京鸭和南美的麝香鸭交配而培育出来的。

他们分析北京鸭的特点是：体重轻、肉味鲜美。麝香鸭的特点是：体重重，有四五千克，但有一种怪味。特点分析出来以后，就取长补短，经过多次试验，终于培育出一种新型骡鸭：体格健壮，生长迅速、肉味鲜美，个头硕大——公鸭、母鸭体重均在 4 千克左右！

进行综合思维，就是将多种事物的要素进行系统分析，找到各自的优点和缺点，然后再进行综合改造。

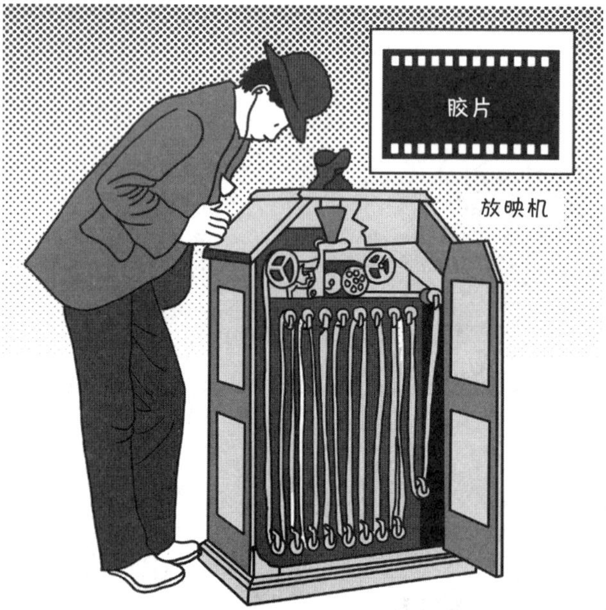

爱迪生改电影窥视箱为放映机

爱迪生发明的电影窥视箱是一种只能让一个人观看的活动电影箱，但其影像的大小和位置一致。法国路易斯·卢米埃尔发明的电影放映机能让许多人同时观看，但影像的大小、位置不一致。

后来，爱迪生看到卢米埃尔的电影放映机的长处，就把个人观看的窥箱改为大众观看的放映机。反之，卢米埃尔也吸取了爱迪生窥视箱胶片的特点，采用爱迪生每秒 16 张画面的放映频率，

35 毫米宽的胶片，在胶片两边每格画幅打四个矩形齿孔，使胶片能在齿轮带动下均匀地通过机器，映出大小和位置一致的影像，这比卢米埃尔原来的间歇式抓片机构要稳定得多。由于他们相互取长补短，使现代化电影放映的技术趋向统一和成熟，无声电影便因此而诞生了。

人工合成金刚石的实践

1946 年，诺贝尔物理学奖颁给美国科学家布里奇曼教授，原因是他发明了承受极高压力的装置，以及在高压物理领域内所作出的一些重要贡献。至此，人工合成金刚石才具备了可能性。

使石墨转变为金刚石，不单纯是用外力缩短石墨中层与层之间的距离，使其六角形碳环转变为正四面体晶格。实际上还包含诸多复杂的因素。综合起来看，由热力学分析，高温不利于金刚石的热力学稳定性，要使金刚石在高温下仍具有热力学稳定性，必须相应地采用高压。而从动力学分析，力求高温才有利于反应速度，而高压又使反应速度锐减。由此可见，二者对反应条件的要求是相互矛盾的。此外，还需要特定的溶剂才能使石墨晶格中的碳原子先溶解，然后在变更外界条件的情况下，再使碳原子从溶剂中析出形成正四面体晶格。

霍尔教授通过查阅大量资料，了解到铁等过渡金属的化合物有可能做石墨中碳原子的溶剂，通过反复实验，最后确定了用硫化亚铁、铁及某些过渡金属材料做溶剂。而实验条件的控制，必须是兼顾热力学和动力学两方面的要求，使高温与高压相匹配，寻求最适宜的转化条件。而对反应装置的要求，必须是提供能够产生高压的装置和耐高温、耐高压的设备，因而最后选择了布里奇曼教授发明的承受极高压力的反应装置……霍尔教授正是在综合考虑了上述诸多内、外因素之后，才制定出合理的合成金刚石方案。

1955 年，在霍尔教授的主持之下，研究小组在 1650℃和 95 000 个大气压下，人工合成了金刚石。该小组以后在类似的条件下重复进行多次实验，亦都获得了成功。合成产品经各种物理的、化学的检测，确证其性质与天然金刚石完全相同。至此，人类历史上第一次合成金刚石的伟大实验宣告成功。

1958 年，人工合成金刚石投入商业生产，从此人工合成金刚石的产量逐渐超过了天然金刚石的产量。美国通用电气公司在合成工业金刚石后，又花了十多年的时间，到 1970 年，宣告宝石级金刚石合成工艺成功。1971 年公布了晶种温梯法的详细工艺。据称，他们生产出重量分别为 0.30 克拉（1 克拉 =200 毫克）、0.31 克拉、0.39 克拉的三粒透明金刚石，但代价过于昂贵，在商业上无法与天然金刚石相匹敌。1986 年，苏联对外机构宣布，苏联科学院在高温高压下合成一颗重达 9 988 克拉的特大金刚石晶体，生成温度比太阳表面的温度还要高。1987 年，南非德比尔斯公司金刚石研究室利用高温高压法在 60 小时内制出 1 克拉的金刚石晶体，在 180 小时内合成 5 克拉的金刚石晶簇，最大单晶为 11.14 克拉，最大长度为 16 毫米，晶体呈立方体（100）和八面体（111）为主的聚形。这些金刚石一般呈黄色或棕黄色，无解理和裂纹，适于进行宝石刻面，也可用于拉丝模，切削刀具，辐射探测器等。

目前，能够人工合成金刚石的国家有二十几个：美国、英国、中国、爱尔兰、俄罗斯、乌克兰、瑞典、韩国、日本、法国、白俄罗斯、乌兹别克斯坦、德国等。据统计，全世界人造金刚石现产量已突破 30 亿克拉，我国的产量就达到 20 亿克拉之多，为世界人造金刚石生产的超级大国，中、低端产品产量属世界之最，其价格之低也是世界之最。

航天隔热技术的诞生

20 世纪兴起的航空航天技术，把人类活动的区域拓展到太空，所以航天技术又称空间技术，它是探索、开发和利用太空以及地球以外的天体的综合性工程技术，包括对大型运载火箭、卫星、宇宙飞船、航天飞机、永久空间站、空间资源、空间工业、空间运输及空间军事技术的研究与开发。它是一项集材料、电子、通信、自动化、计算机、动力工程等学科为一体的尖端科学技术。

航天，首先需要使用各种特殊的材料，不仅需要传统的一般轻质铝合金材料，而且更需要有特种的复合材料，尤其需要使用特种防热材料和防烧蚀材料。

我们知道，当载人航天器的返回舱在距离地面 70 ~ 40 千米的高度以每秒数千米的速度穿越稠密大气层时，返回舱表面温度会达到 1 000 ~ 2 000℃，如果不采取有效的防热降温措施，整个返回舱将会像陨石一样被烧为灰烬。因此，如何降温是最大的技术难点。

苏联是世界上第一个将宇宙飞船送上太空的国家，他们采用的是烧蚀防热的方法，就是在飞船外使用一种瞬间耐高温材料，一般是高分子材料，在高温加热时，表面部分材料会熔化、蒸发、升华或分解汽化。在这些过程中将吸收一定的热量，这种现象叫烧蚀。烧蚀防热是有意识地让表面部分材料烧掉，将热量带走，从而达到保存主要结构的目的。这些隔热材料在燃烧完毕之后，剩下的是碳化层，飞船底部一团漆黑可以证明保护层牺牲自己，换来了飞船的安全。显然这种航天器只能是一次性使用的，烧蚀以后的航天器体就不能再使用了。

表面覆盖隔热材料的航天飞机

美国科学家希望能够制造出重复使用的航天飞机，因此必须解决航天器烧蚀的问题，也就是说需要找到一种不同于苏联人使用的高温隔热材料。化学家们试用了当时所有的金属材料、非金属材料和合成材料，但都无法抵御飞船返回地面时因摩擦产生的3500℃以上的高温。因为在这样的温度下，所有的材料几乎都汽化了。正当人们陷入绝望时，有人利用综合思维的方法想到了高温隔热与烧蚀相结合的方法：一方面采用表面覆盖超高温隔热材料的方法对航天飞机以及宇航员进行保护，另一方面用高温陶瓷做“磨削隔热罩”。这种陶瓷“隔热罩”在飞船重返大气层时逐渐燃烧，让陶瓷局部汽化形成的气流带走飞船周围的热量，不仅有效地保护了飞船的主体结构，而且使宇航员不致被高热包围而无法生存。最终解决了航天飞机多次往返太空的核心技术难题。

“1 + 1 > 2”的奥秘

通过综合思维，将本来不在一块的事物组合在一块，变成一个新的事物，常常会产生“1+1>2”的神奇效果。我们先来看下面两个例子：

阿拉伯人多信奉伊斯兰教，虔诚的伊斯兰教徒每天都要向圣城麦加方向跪拜，有时，难免会因为一时辨不清圣城方向而犯愁。有一个地毯商人，发现这个问题，就在地毯上加进一个指南针，帮助伊斯兰教徒解决了方向的问题，于是，这种带指南针的地毯顿时成了热销货。

日本的普拉斯公司，是一家专营文具用品的小企业，一直生意冷淡。1984 年，公司里一位叫玉村浩美的新职员发现，顾客来店里购买文具，总是一次要买三四种；而在中小学生的书包内，也总是散乱地放着钢笔、铅笔、小刀、橡皮等用品。玉村浩美于是想到，既然如此，为什么不把各种文具组合起来一起出售呢？她把这项创意告诉公司老板。于是，普拉斯公司精心设计了一只盒子，把五六种常用的文具摆进去。结果这种“组合式文具”大受欢迎，不但中小学生喜欢，连机关和企业的办公室人员，以及工程技术人员也纷纷前来购买。尽管这套组合文具的价格比原先单件文具的价格总和高出一倍以上，但依然十分畅销，在一年内就卖了 300 多万盒，获得了意想不到的利润。

以上两个案例都是较典型的综合思维，它的表现形式有扩展和叠加，并产生了奇妙的效果，就像画龙点睛故事当中那个点睛的神奇一笔，虽然就加那么一小点，原有的价值一下就倍增了。这种“1+1”的结果远远大于 2，我们或许可以用这种方式来表达它的结果：“100+1=1001”，这个“1”就是我们需要添加的那一点东西。

还有一种综合思维是在原有的主体事物中增添新的含义。主体的基本特性不变，但由于新含义的赋予，使其性能更丰富了。

腊月里的北京，着实寒冷。某电影院门口，一对老夫妇守着几筐苹果叫卖着。或许因为怕冷，大家多是匆匆而过，生意十分冷清。不久，一位教授模样的中年人看见这一情形，上前和老夫妇商量了几句，然后走到附近商店买来一些红彩带，并与老夫妇一起，将一大一小每两个苹果扎在一起，高声叫卖道："情侣苹果，两元一对！"年轻的情侣们甚觉新鲜，买者猛增，不大一会儿，苹果就卖完了。

无独有偶，日本一家公司为了促销它的巧克力，也想出了类似的绝招。它们在 1984 年情人节推出了"情话巧克力"产品——在心形的巧克力糕上写上"你的存在，使我的人生更有意义""我爱你"之类的情话，结果大受情侣们的欢迎，那年的销售额上涨了两倍！

在这里，主体不管是苹果或巧克力，由于加上"情侣"或"情话"这一附加意义，当然效果就不一样了。

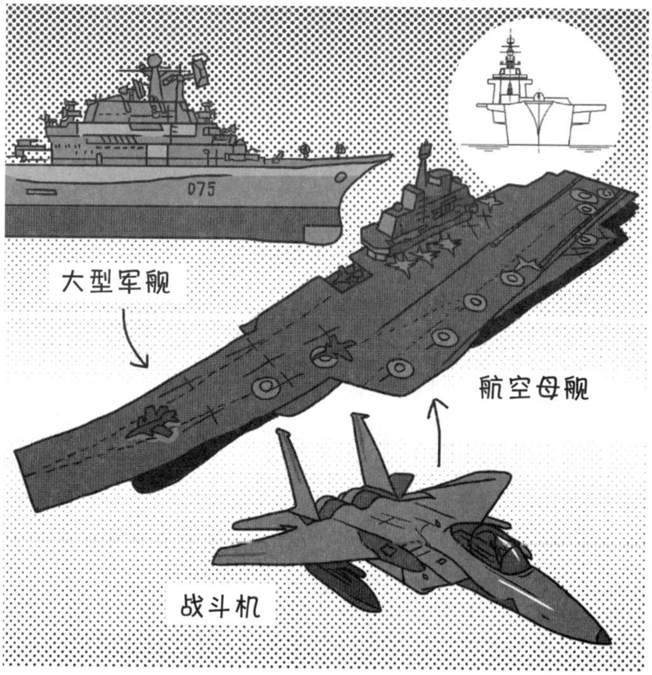

军舰装上飞行甲板就成了航空母舰

将两种或两种以上不同领域的技术思想进行组合，以及将不同的物质产品进行组合的方法就是综合思维最常见的应用。和主体附加不同，它不是丰满或增强主体的特性，而是直接产生了一个新鲜的事物。

1903 年，莱特兄弟发明了第一架飞机之后，各国纷纷研制各种型号的飞机，飞机也被广泛应用于军事领域。这时有人提出，是否可以将飞机和军舰结合起来，使它能发挥更大的威力呢？于是美国海军专家设计了两种方案：一是给飞机装上浮桶，使飞机能在海面上起飞和降落；二是将大型军舰改装，设置飞行甲板，使飞机在甲板上起飞和降落。

1910 年，法国实行第一种方案成功，随后，美国一架挂有两个气囊的飞机从改装的轻型巡洋舰上起飞成功，“航空母舰”从此就这样诞生了！

飞机和军舰本来是两种完全不同的东西，组合在一起的“航空母舰”既不是飞机，也不是普通舰艇，但兼有他们各自的特性，同时，它的战斗力比飞机与普通舰艇战斗力的相加要大得多。

由此我们也可以看出，综合思维并非对事物的简单合并，而是具有创造性的组合。在综合中，事物被赋予更深层次的含义，表现出了它特有的价值。因此，巧妙地运用综合思维，你将会得到意想不到的创意与收获。

综合多种不同的要素

运用综合思维，要求我们将由外部世界观察到的刺激，创造性地与正在考虑中的问题建立起联系，使其结合，有时候，将多种多样不同的要素综合在一起，也可能找到解决问题的好办法。

综合不同的要素，就要求我们将视角扩展到多个问题领域。如果眼睛只盯着一个问题领域，这往往会限制自己的发现，因为思维的惯性很容易使自己在一个特定的问题领域中作循环思索。这个时候，就需要跳出来，看一看其他领域，从别的地方寻找一些新材料以启发自己。很多富有创造性的设想都源于

冯·诺伊曼
（1903—1957年）

广泛涉猎多个领域，并将这些看似不相关的要素综合在一起，应用于自己的问题领域。

计算机专家布里克林受到会计学“流水账”的启发，创造了微型计算机的软件工业；数学家冯·诺伊曼通过分析一般人玩扑克牌的行为，创立了博弈论经济模式；第一次世界大战的武器设计家从毕加索和布拉克的立体派艺术中寻找灵感，结果成功地改进了大炮和坦克的伪装；在第二次世界大战中美国人以一种独特的印第安语言为基础，设计了被称为不可破译的电报密码；爱迪生也曾经这样劝导他的同事：“留意别人的新颖有趣的设想，只要把它们用在你现在正要解决的问题上，你的设想可能就是创造性的。”

思维的快速推进，有时需要不断地从一条思路跳到另一条思路，直到找出合适的办法。在这个过程中，就需要将多种不同的因素综合到一起，进行创造性的关联。

美国加利福尼亚州一个生物学家将机枪与播种机联系在一起，发明了机枪播种法。弹丸壳是可溶解的胶囊，含有一定成分的肥料、杀虫剂，内装优良种子。飞机掠过大片田地，随着机枪声，种子枪弹射入土地，解决了地面人工机具播种慢，空中播种只能播在泥土表面的难题，使平原、丘陵、山地都能成为绿色田野。

创造性思维的产生，常常需要人们了解不同领域事物之间的关联，这些关联起初看起来似乎是不搭边的，但我们可以有意识地进行综合思维，将所观察到的外部刺激牵强性地与正在考虑的问题建立起联系，并使之相合——也就是将许多不相关要素综合在一起，以期获得解决问题的办法。

譬如，将圆珠笔与电子表联系在一起，开发出带有电子表的圆珠笔；将圆珠笔与收音机联系在一起，开发出带收音机的圆珠笔；将暖水瓶与杯子联系在一起，开发出保温杯；在护肤霜里加上珍珠粉，便成了珍珠霜；在奶瓶上加上温度计，便可以随时测量牛奶的温度，避免婴儿喝的奶过热或过冷；在汽车上安装 GPRS 定位系统，便可随时锁定汽车方位，为破获汽车盗窃等案件提供便利，等等。

其实，我们生活中接触的许多事物往往都是综合思维的产物，这些事物的形成，通常就是各种要素的综合，既有方法与功能上的综合，也有材料与组成单元的综合。譬如将有氧运动加上舞蹈，就成了有氧舞蹈；游泳加上芭蕾舞，就成了水上芭蕾。这些都是方法上的综合。国画大师徐悲鸿先生，他的名作《奔马》运笔狂放，栩栩如生，既有中国水墨画的写意传统，又有西洋油画的透视精髓，这是多种技法的综合。将钢筋和水泥的组合成钢筋混凝土，将玻璃纤维和塑料组合成玻璃钢，则是一种材料上的综合。一件件漂亮的时装，它们是由布料、缝合线和扣子等部件组合而成的，就是一种组成单元的综合；还有组合家具，组合文具，组合音响等，也是一种组成单元综合。而把剪刀和开瓶装置组合成多用剪刀，则是一种功能上的综合；另外像集团公司的产生、股份制的形成、连锁店的出现，也是一种功能上的综合。

这些类综合，有些组合要素差距较大，有些组合要素差距较小，但无论什么样的要素组合，首先都是人们运用综合思维所获得的成果。

反应自发性判据的提出

为什么有些物质相互间能发生反应，而有些物质间却不能发生反应，早期化学家只能在实验中去摸索，这样不仅要耗费大量的时间、金钱和仪器设备，而且有时会一无所获、无功而返！多少年来，人们一直试图找到一种判断化学反应能否发生（即自发性）的科学依据。

19 世纪，人们曾一度认为决定化学反应自发性的因素是反应热（也叫焓变，常以符号 ΔH 来表示），即放出热量反应（$\Delta H<0$）可以自发，而吸收热量的反应（$\Delta H>0$）不能自发。但其后发现有些吸热反应在通常条件下也能自发发生，如消石灰与氯化铵的反应等。

进一步研究发现，自然界的自发过程无论是化学变化，还是物理变化，其变化体系均存在“混乱度”增大的趋势。例如，两种原先隔开的气体，抽取隔板，两种气体就能自发的混合，直至混合均匀，但无论放置多少年，两种气体却终不会自动分离。于是人们在研究化学自发性的过程中引入了一个新的热力学状态函数“熵”，用符号“S”表示，它就是用来衡量体系混乱度的物理量。

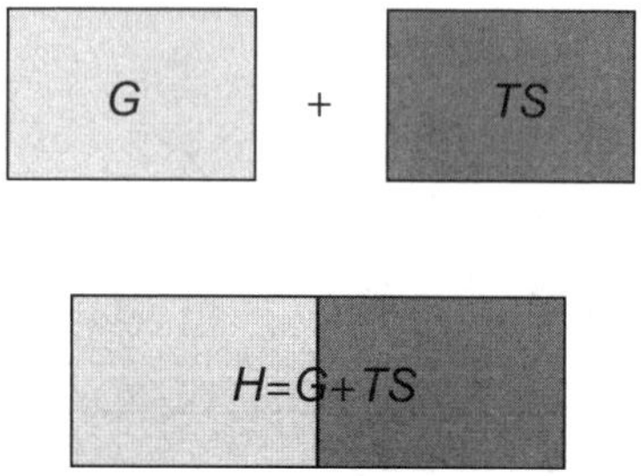

即 $G=H-TS$

自由能 G 的定义式

但人们立即发现，反应的熵增 $\Delta S=\Sigma S$（生成物）$-\Sigma S$（反应物）（即 $\Delta S>0$）只能判断与外界“隔离”的体系变化过程方向，并不能适用于与外界既有能量交换，又有物质交换的“开放”体系，而人类所利用的化学反应绝大多数都处在这样一种

“开放”的体系中进行的。

同时，人们还发现反应的自发性与温度也有关系：有些化学反应在室温时虽然不能自发发生，但在高温时却可以自发进行，譬如碳酸钙的高温分解就属于这种情况。

1878 年，美国著名物理化学家吉布斯由热力学定律证明，对于一个恒温等压且非体积功等于零的变化过程，如果反应自发，则过程的焓变、熵变和温度三者的关系为：$\Delta H - T\Delta S < 0$，由此他给出了热力学定义：$G = H - TS$，G 称为自由能，对一个恒温等压不做非体积功的过程，体系从始态 G_1 变化到终态 G_2，有 $\Delta G = G_2 - G_1 = \Delta H - T\Delta S$，因此 ΔG 可以作为判断过程能否自发进行的判据。即：$\Delta G < 0$，反应自发；$\Delta G = 0$，反应处于平衡状态；$\Delta G > 0$，反应不能自发进行。

吉布斯
（1839—1903 年）

显而易见，ΔG 的值取决于 ΔH、ΔS 和 T，按 ΔH、ΔS 的符号及温度 T 对化学反应 ΔG 的影响，我们可以将所有化学反应自发性的判断归纳为以下四种情况：

化学反应自发性判断

各种情况	ΔH 符号	ΔS 符号	ΔG 符号	反应的情况
1	（−）	（+）	（−）	在任何温度都自发进行
2	（+）	（−）	（+）	在任何温度都非自发进行
3	（+）	（+）	低温（+）	低温非自发
			高温（−）	高温自发
4	（−）	（−）	低温（−）	低温自发
			高温（+）	高温非自发

这就是今天人们使用的化学反应自发性（反应方向）的最

终判据。不难看出，自发性的判据 ΔG（自由能变）是焓变 ΔH、熵变 ΔS 和温度 T 三者的整合，ΔG 这一新热力学状态函数的确立，体现的正是综合思维的方法。

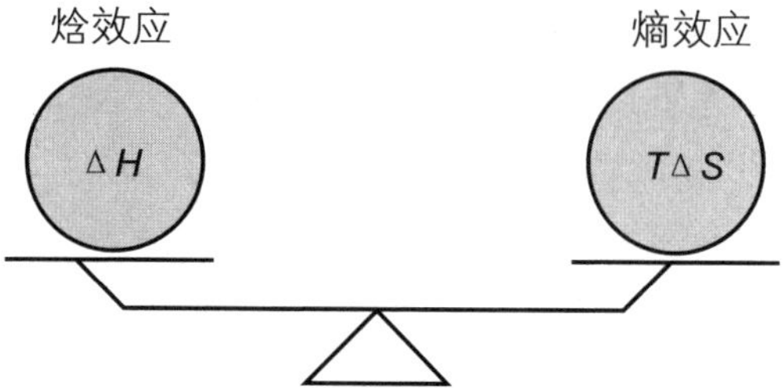

自发性是焓效应和熵效应的平衡

由此可见，在利用综合思维解决问题时，应该从整体上把握问题，综合各个方面的要素，做到完整、全面、深入地认识研究对象及其变化规律，只有这样，才能科学、有效地解决现实所面临的各种复杂问题。